中国古代数学思想

孙宏安◎著

08

数学科学文化理念传播丛书
（第一辑）

THOUGHT IN CHINESE ANCIENT MATHEMATICS

大连理工大学出版社
Dalian University of Technology Press

图书在版编目(CIP)数据

中国古代数学思想 / 孙宏安著. --大连 ：大连理工大学出版社，2023.1

(数学科学文化理念传播丛书. 第一辑)

ISBN 978-7-5685-4024-7

Ⅰ. ①中… Ⅱ. ①孙… Ⅲ. ①数学史－中国－古代 Ⅳ. ①O112

中国版本图书馆 CIP 数据核字(2022)第 238619 号

中国古代数学思想

ZHONGGUO GUDAI SHUXUE SIXIANG

大连理工大学出版社出版

地址：大连市软件园路 80 号　邮政编码：116023

发行：0411-84708842　邮购：0411-84708943　传真：0411-84701466

E-mail：dutp@dutp. cn　URL：https//www. dutp. cn

辽宁新华印务有限公司印刷　大连理工大学出版社发行

幅面尺寸：185mm×260mm　印张：12.75　字数：204 千字

2023 年 1 月第 1 版　2023 年 1 月第 1 次印刷

责任编辑：王　伟　责任校对：周　欢

封面设计：冀贵收

ISBN 978-7-5685-4024-7　定价：69.00 元

本书如有印装质量问题，请与我社发行部联系更换。

数学科学文化理念传播丛书·第一辑

编写委员会

总　序

一、数学科学的含义及其在学科分类中的定位

20世纪50年代初，我曾就读于东北人民大学(现吉林大学)数学系，记得在二年级时，有两位老师[①]在课堂上不止一次地对大家说："数学是科学中的女王，而哲学是女王中的女王."

对于一个初涉高等学府的学子来说，很难认知其言真谛.当时只是朦胧地认为，大概是指学习数学这一学科非常值得，也非常重要.或者说与其他学科相比，数学可能是一门更加了不起的学科.到了高年级时，我开始慢慢意识到，数学与那些研究特殊的物质运动形态的学科(诸如物理、化学和生物等)相比，似乎真的不在同一个层面上.因为数学的内容和方法不仅要渗透到其他任何一个学科中去，而且要是真的没有了数学，则无法想象其他任何学科的存在和发展了.后来我终于知道了这样一件事，那就是美国学者道恩斯(Douenss)教授，曾从文艺复兴时期到20世纪中叶所出版的浩瀚书海中，精选了16部名著，并称其为"改变世界的书".在这16部著作中，直接运用了数学工具的著作就有10部，其中有5部是属于自然科学范畴的，它们分别是：

(1) 哥白尼(Copernicus)的《天体运行》(1543年)；

(2) 哈维(Harvery)的《血液循环》(1628年)；

(3) 牛顿(Newton)的《自然哲学之数学原理》(1729年)；

(4) 达尔文(Darwin)的《物种起源》(1859年)；

---

① 此处的"两位老师"指的是著名数学家徐利治先生和著名数学家、计算机科学家王湘浩先生.当年徐利治先生正为我们开设"变分法"和"数学分析方法及例题选讲"课程，而王湘浩先生正为我们讲授"近世代数"和"高等几何".

(5) 爱因斯坦(Einstein)的《相对论原理》(1916 年).

另外 5 部是属于社会科学范畴的,它们是:

(6) 潘恩(Paine)的《常识》(1760 年);

(7) 史密斯(Smith)的《国富论》(1776 年);

(8) 马尔萨斯(Malthus)的《人口论》(1789 年);

(9) 马克思(Max)的《资本论》(1867 年);

(10) 马汉(Mahan)的《论制海权》(1867 年).

在道恩斯所精选的 16 部名著中,若论直接或间接地运用数学工具的,则无一例外.由此可以毫不夸张地说,数学乃是一切科学的基础、工具和精髓.

至此似已充分说明了如下事实:数学不能与物理、化学、生物、经济或地理等学科在同一层面上并列.特别是近 30 年来,先不说分支繁多的纯粹数学的发展之快,仅就顺应时代潮流而出现的计算数学、应用数学、统计数学、经济数学、生物数学、数学物理、计算物理、地质数学、计算机数学等如雨后春笋般地产生、存在和发展的事实,就已经使人们去重新思考过去那种将数学与物理、化学等学科并列在一个层面上的学科分类法的不妥之处了.这也是多年以来,人们之所以广泛采纳“数学科学”这个名词的现实背景.

当然,我们还要进一步从数学之本质内涵上去弄明白上文所说之学科分类上所存在的问题,也只有这样才能使我们在理性层面上对“数学科学”的含义达成共识.

当前,数学被定义为从量的侧面去探索和研究客观世界的一门学问.对于数学的这样一种定义方式,目前已被学术界广泛接受.至于有如形式主义学派将数学定义为形式系统的科学,更有如形式主义者柯亨(Cohen)视数学为一种纯粹的在纸上的符号游戏,以及数学基础之其他流派所给出之诸如此类的数学定义,可谓均已进入历史博物馆,在当今学术界,充其量只能代表极少数专家学者之个人见解.既然大家公认数学是从量的侧面去探索和研究客观世界,而客观世界中任何事物或对象又都是质与量的对立统一,因此没有量的侧面的事物或对象是不存在的.如此从数学之定义或数学之本质内涵出发,就必然导致数学与客观世界中的一切事物之存在和发展密切相关.同时也决定了数学这一研究领域有其独特的普遍性、抽象性和应用上的极端广泛性,从而数学也就在更抽象的层面上与任何特殊的物质运动形式息息相关.由此可见,数学与其他任何研究特殊的物质运动形态的学科相比,要高出一个层面.在此或许可以认为,这也就是本人少时所闻之“数学是科学中的女王”一语的某种肤浅的理解.

再说哲学乃是从自然、社会和思维三大领域,即从整个客观世界的存在及其存在方式中去探索科学世界之最普遍的规律性的学问,因而哲学是关于整个客观世界的根本性观点的体系,也是自然知识和社会知识的最高概括和总结.因此哲学又要比数学高出一个层面.

这样一来,学科分类之体系结构似应如下图所示:

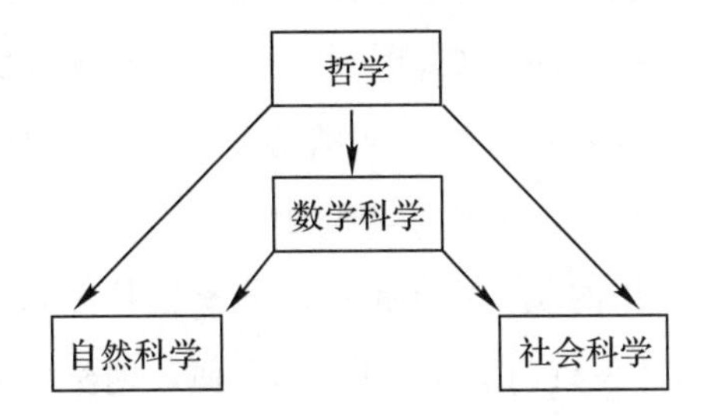

如上直观示意图的最大优点是凸显了数学在科学中的女王地位,但也有矫枉过正与骤升两个层面之嫌.因此,也可将学科分类体系结构示意图改为下图所示:

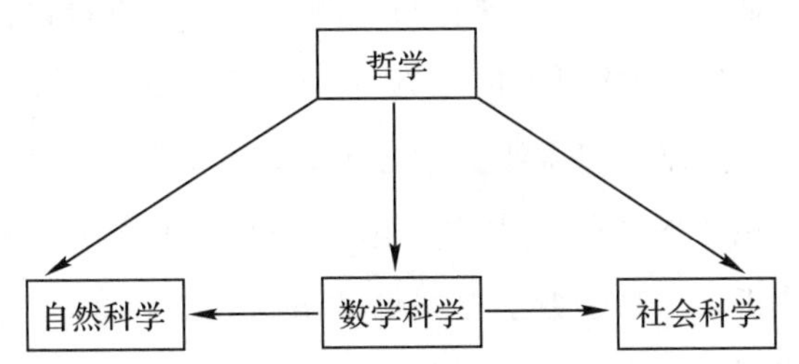

如上示意图则在于明确显示了数学科学居中且与自然科学和社会科学相并列的地位,从而否定了过去那种将数学与物理、化学、生物、经济等学科相并列的病态学科分类法.至于数学在科学中之“女王”地位,就只能从居中角度去隐约认知了.关于学科分类体系结构之如上两个直观示意图,究竟哪一个更合理,在这里就不多议了,因为少时耳闻之先入为主,往往会使一个人的思维方式发生偏差,因此留给本丛书的广大读者和同行专家去置评.

二、数学科学文化理念与文化素质原则的内涵及价值

数学有两种品格，其一是工具品格，其二是文化品格. 对于数学之工具品格而言，在此不必多议. 由于数学在应用上的极端广泛性，因而在人类社会发展中，那种挥之不去的短期效益思维模式必然导致数学之工具品格愈来愈突出和愈来愈受到重视. 特别是在实用主义观点日益强化的思潮中，更会进一步向数学纯粹工具论的观点倾斜，所以数学之工具品格是不会被人们淡忘的. 相反地，数学之另一种更为重要的文化品格，却已面临被人淡忘的境况. 至少数学之文化品格在今天已不为广大教育工作者所重视，更不为广大受教育者所知，几乎到了只有少数数学哲学专家才有所了解的地步. 因此我们必须古识重提，并且认真议论一番数学之文化品格问题.

所谓古识重提指的是：古希腊大哲学家柏拉图(Plato)曾经创办了一所哲学学校，并在校门口张榜声明，不懂几何学的人，不要进入他的学校就读. 这并不是因为学校所设置的课程需要几何知识基础才能学习，相反地，柏拉图哲学学校里所设置的课程都是关于社会学、政治学和伦理学一类课程，所探讨的问题也都是关于社会、政治和道德方面的问题. 因此，诸如此类的课程与论题并不需要直接以几何知识或几何定理作为其学习或研究的工具. 由此可见，柏拉图要求他的弟子先行通晓几何学，绝非着眼于数学之工具品格，而是立足于数学之文化品格. 因为柏拉图深知数学之文化理念和文化素质原则的重要意义. 他充分认识到立足于数学之文化品格的数学训练，对于陶冶一个人的情操，锻炼一个人的思维能力，直至提升一个人的综合素质水平，都有非凡的功效. 所以柏拉图认为，不经过严格数学训练的人是难以深入讨论他所设置的课程和议题的.

前文指出，数学之文化品格已被人们淡忘，那么上述柏拉图立足于数学之文化品格的高智慧故事，是否也被人们彻底淡忘甚或摒弃了呢？这倒并非如此. 在当今社会，仍有高智慧的有识之士，在某些高等学府的教学计划中，深入贯彻上述柏拉图的高智慧古识. 列举两个典型示例如下：

例1,大家知道,从事律师职业的人在英国社会中颇受尊重.据悉,英国律师在大学里要修毕多门高等数学课程,这既不是因为英国的法律条文一定要用微积分去计算,也不是因为英国的法律课程要以高深的数学知识为基础,而只是出于这样一种认识,那就是只有通过严格的数学训练,才能使之具有坚定不移而又客观公正的品格,并使之形成一种严格而精确的思维习惯,从而对他取得事业的成功大有益助.这就是说,他们充分认识到数学的学习与训练,绝非实用主义的单纯传授知识,而深知数学之文化理念和文化素质原则,在造就一流人才中的决定性作用.

例2,闻名世界的美国西点军校建校超过两个世纪,培养了大批高级军事指挥员,许多美国名将也毕业于西点军校.在该校的教学计划中,学员除了要选修一些在实战中能发挥重要作用的数学课程(如运筹学、优化技术和可靠性方法等)之外,还要必修多门与实战不能直接挂钩的高深的数学课.据我所知,本丛书主编徐利治先生多年前访美时,西点军校研究生院曾两次邀请他去做"数学方法论"方面的讲演.西点军校之所以要学员必修这些数学课程,当然也是立足于数学之文化品格.也就是说,他们充分认识到,只有经过严格的数学训练,才能使学员在军事行动中,把那种特殊的活力与高度的灵活性互相结合起来,才能使学员具有把握军事行动的能力和适应性,从而为他们驰骋疆场打下坚实的基础.

然而总体来说,如上述及的学生或学员,当他们后来真正成为哲学大师、著名律师或运筹帷幄的将帅时,早已把学生时代所学到的那些非实用性的数学知识忘得一干二净.但那种铭刻于头脑中的数学精神和数学文化理念,仍会长期地在他们的事业中发挥着重要作用.亦就是说,他们当年所受到的数学训练,一直会在他们的生存方式和思维方式中潜在地起着根本性的作用,并且受用终身.这就是数学之文化品格、文化理念与文化素质原则之深远意义和至高的价值所在.

三、"数学科学文化理念传播丛书"出版的意义与价值

有现象表明,教育界和学术界的某些思维方式正深陷于纯粹实用

主义的泥潭，而且急功近利、短平快的病态心理正在病入膏肓. 因此，推出一套旨在倡导和重视数学之文化品格、文化理念和文化素质的丛书，一定会在扫除纯粹实用主义和诊治急功近利病态心理的过程中起到一定的作用，这就是出版本丛书的意义和价值所在.

那么究竟哪些现象足以说明纯粹实用主义思想已经很严重了呢？详细地回答这一问题，至少可以写出一本小册子来. 在此只能举例一二，点到为止.

现在计算机专业的大学一、二年级学生，普遍不愿意学习逻辑演算与集合论课程，认为相关内容与计算机专业没有什么用. 那么我们的教育管理部门和相关专业人士又是如何认知的呢？据我所知，南京大学早年不仅要给计算机专业本科生开设这两门课程，而且要开设递归论和模型论课程. 然而随着思维模式的不断转移，不仅递归论和模型论早已停开，逻辑演算与集合论课程的学时也在逐步缩减. 现在国内坚持开设这两门课的高校已经很少了，大部分高校只在离散数学课程中给学生讲很少一点逻辑演算与集合论知识. 其实，相关知识对于培养计算机专业的高科技人才来说是至关重要的，即使不谈这是最起码的专业文化素养，难道不明白我们所学之程序设计语言是靠逻辑设计出来的？而且柯特(Codd)博士创立关系数据库，以及施瓦兹(Schwartz)教授开发的集合论程序设计语言SETL，可谓全都依靠数理逻辑与集合论知识的积累. 但很少有专业教师能从历史的角度并依此为例去教育学生，甚至还有极个别的专家教授，竟然主张把“计算机科学理论”这门硕士研究生学位课取消，认为这门课相对于毕业后去公司就业的学生太空洞，这真是令人瞠目结舌. 特别是对于那些初涉高等学府的学子来说，其严重性更在于他们的知识水平还不了解什么有用或什么无用的情况下，就在大言这些有用或那些无用的实用主义想法. 好像在他们的思想深处根本不知道高等学府是培养高科技人才的基地，竟把高等学府视为专门培训录入、操作与编程等技工的学校. 因此必须让教育者和受教育者明白，用多少学多少的教学模式只能适用于某种技能的培训，对于培养高科技人才来说，此类纯粹实用主义的教学模式是十分可悲的. 不仅误人子弟，而且任其误入歧途继续陷落下去，必将直接危害国家和社会的发展前程.

另外，现在有些现象甚至某些评审规定，所反映出来的心态和思潮就是短平快和急功近利，这样的软环境对于原创性研究人才的培养弊多利少.杨福家院士说：①

“费马大定理是数学上一大难题，360 多年都没有人解决，现在一位英国数学家解决了，他花了 9 年时间解决了，其间没有写过一篇论文.我们现在的规章制度能允许一个人 9 年不出文章吗？

“要拿诺贝尔奖，都要攻克很难的问题，不是灵机一动就能出来的，不是短平快和急功近利就能够解决问题的，这是异常艰苦的长期劳动.”

据悉，居里夫人一生只发表了 7 篇文章，却两次获得诺贝尔奖.现在晋升副教授职称，都要求在一定年限内，在一定级别杂志上发表一定数量的文章，还要求有什么奖之类的，在这样的软环境里，按照居里夫人一生中发表文章的数量计算，岂不只能当个老讲师？

清华大学是我国著名的高等学府，1952 年，全国高校进行院系调整，在调整中清华大学变成了工科大学.直到改革开放后，清华大学才开始恢复理科并重建文科.我国各层领导开始认识到世界一流大学均以知识创新为本，并立足于综合、研究和开放，从而开始重视发展文理科.11 年前，清华人立志要奠定世界一流大学的基础，为此而成立清华高等研究中心.经周光召院士推荐，并征得杨振宁先生同意，聘请美国纽约州立大学石溪分校聂华桐教授出任高等中心主任.5 年后接受上海《科学》杂志编辑采访，面对清华大学软环境建设和我国人才环境的现状，聂华桐先生明确指出②：

“中国现在推动基础学科的一些办法，我的感觉是失之于心太急.出一流成果，靠的是人，不是百年树人吗？培养一流科技人才，即使不需百年，却也绝不是短短几年就能完成的.现行的一些奖励、评审办法急功近利，凑篇数和追指标的风气，绝不是真心献身科学者之福，也不是达到一流境界的灵方.一个作家，您能说他发表成百上千篇作品，就能称得上是伟大文学家了吗？画家也是一样，真正的杰出画家也只凭

---

① 王德仁等，杨福家院士“一吐为快——中国教育 5 问”，扬子晚报，2001 年 10 月 11 日 A8 版.

② 刘冬梅，营造有利于基础科技人才成长的环境——访清华大学高等研究中心主任聂华桐，科学，Vol. 154，No. 5，2002 年.

少数有创意的作品奠定他们的地位.文学家、艺术家和科学家都一样,质是关键,而不是量.

"创造有利于学术发展的软环境,这是发展成为一流大学的当务之急."

面对那些急功近利和短平快的不良心态及思潮,前述杨福家院士和聂华桐先生的一番论述,可谓十分切中时弊,也十分切合实际.

大连理工大学出版社能在审时度势的前提下,毅然决定立足于数学文化品格编辑出版"数学科学文化理念传播丛书",不仅意义重大,而且胆识非凡.特别是大连理工大学出版社的刘新彦和梁锋等不辞辛劳地为丛书的出版而奔忙,实是智慧之举.还有88岁高龄的著名数学家徐利治先生依然思维敏捷,不仅大力支持丛书的出版,而且出任丛书主编,并为此而费神思考和指导工作,由此而充分显示徐利治先生在治学领域的奉献精神和远见卓识.

序言中有些内容取材于"数学科学与现代文明"[①]一文,但对文字结构做了调整,文字内容做了补充,对文字表达也做了改写.

朱梧槚

2008年4月6日于南京

---

① 1996年10月,南京航空航天大学校庆期间,名誉校长钱伟长先生应邀出席庆典,理学院名誉院长徐利治先生应邀在理学院讲学,老友朱剑英先生时任校长,他虽为著名的机械电子工程专家,但从小喜爱数学,曾通读《古今数学思想》巨著,而且精通模糊数学,又是将模糊数学应用于多变量生产过程控制的第一人.校庆期间钱伟长先生约请大家通力合作,撰写《数学科学与现代文明》一文,并发表在上海大学主办的《自然杂志》上.当时我们就觉得这个题目分量很重,要写好这个题目并非轻而易举之事.因此,徐利治、朱剑英、朱梧槚曾多次在一起研讨此事,分头查找相关文献,并列出提纲细节,最后由朱梧槚执笔撰写,并在撰写过程中,不定期会面讨论和修改补充,终于完稿,由徐利治、朱剑英、朱梧槚共同署名,分为上、下两篇,作为特约专稿送交《自然杂志》编辑部,先后发表在《自然杂志》1997,19(1):5-10与1997,19(2):65-71.

目　录

一　数学思想从何而来

中国古代数学思想扎根于中国古人的社会实践之中，体现了中国古代生产方式、生活方式和思维方式的特点．反过来，数学思想也推动了生产和其他社会实践的发展，促进了中国古代文化的发展．

1.1　中国古代数学思想产生的文化背景

当代历史学中，文明起源的"挑战和应战"学说占有重要的地位，该学说认为："就人类而言，决定的要素——对胜败举足轻重的要素——绝不是种族和技能，而是人类对来自整个大自然的挑战进行应战的精神．由于人类出现在宇宙之中，自然的总和才成了人类的环境，这个总和包括人类自身的天性．"正是人类的应战促进了人类的创造性行为，开创了文明，与此相应的则是文明未必在宜于人类生活的各种有利环境中产生．

1. 中国文明产生的自然历史条件

中国位于北半球、亚洲东部、太平洋西岸，东西跨越了五个时区，南北横穿了近 50 个纬度．中国东部和东南部濒临浩瀚的海洋，西部是巍峨的高山及号称"世界屋脊"的青藏高原，北部是蒙古高原的戈壁．在古代交通不发达的条件下，这些地理环境形成了相对封闭的状态，我们的祖先与外界交往存在着困难，因而中国的古代文化在相当长的时期内保持着鲜明的特色．

中国文明是大河背景下的农耕文明，最早产生于大河（长江、黄河、辽河等）流域的河谷地带．大河的冲积平原有广阔的发展空间，使之发展成为大领土国家有了可能．农业经济中水源成为关键，这就要求有凌驾于各个小“国”之上的力量来协调水源的使用(挑战).周期性的洪水泛滥又使治水成为关系到沿河居民生死存亡的头等大事(挑战),大河的治理要求全体居民共同努力,因而就需要有一个超乎各“国”的统一的意志.这种需要的确也产生出这种统一的意志和力量——超越当时的生产力水平,在氏族部落的基础上形成了相当程度的中央集权政治形式(应战).到了秦汉以后更形成了一个封建大一统的中央集权的帝国,这时的中国已是一个幅员辽阔、人口众多的国家.也就是说,中国古代进入了由自然历史条件引起的挑战和应战状态,进而使得远古时产生的部落小“国”汇集为一个广大的领土国家.

与这种应战方式相适应,中国早早地进入了文明时代——在古代的氏族血缘纽带尚未瓦解时就进入了奴隶制社会.在中华文明的特定条件下,这种血缘纽带在历史的发展中不但没有受到冲击和削弱,反而变得极其稳定和强大,在其后的漫长历史进程中,尽管经历了各种经济、政治制度的变迁,但这种以血缘纽带为特色、以农业家庭小生产为基础的社会生活和社会结构少有变动,表现出极度的稳定性和保守性.古老的氏族社会的“遗风余俗”、观念、习惯长期地保存并积累下来,成为一种极为强固的文化结构和心理力量.中国古代文化就是在这种文化结构和心理力量中产生和发展起来的.

2.中国古代的社会状况

在中国这样一个辽阔的国度里,中央集权政治形式有它产生的必然性.而对于这样一个大一统的国家政权来说,它的首要功能就是组织好社会生产.在中国古代,这一功能就是马克思所说的“一切亚洲政府所必须实现的经济功能,即建立公共工程的功能”.

中国古代由于独特的经济结构使国家在这种功能的发挥上达到无与伦比的程度.秦汉以后的封建社会里,虽然土地已归家族所有,但却也不是完全的土地私有制.“以天下为家”的“天子”无论在先秦或秦汉以后,其名义上都拥有对全国土地的最高所有权,从这个意义上说,中国封建社会中的国家机器并非单纯只是上层建筑,而且也是庞大的经济实体.这个“家天下”恰恰是氏族社会的“遗风余俗”.由于天子支配着从政治到经济的一切，只有忠心地为他做事才能得到政治及经济的好处. 直接服务于帝王的当然是关于“人事”的学问，人的认识当然要以“人事”为客体了.

由于存在这样一个以国家政权形式出现的经济实体，关于经济功能或公共工程的功能在中国历史上更为突出，不仅“男耕女织”这一农业和手工业的特殊结合方式是由政府去组织并管理，由“大司农”以至“户部”这样的机构去指挥，历代的盐、铁、织造以及贸易等工商业也都集中由政府的机构去组织并指挥. 这也与氏族社会氏族首长“万事管”的“遗风余俗”有很大关系. 自夏代以来，秦、汉及以后的历代政府都组织过大规模的治水活动就是一个典型的表现，如战国时的芍陂、都江堰、漳水十二渠和郑国渠四大工程（芍陂、都江堰至今还发挥着作用），汉代修建的白渠，修复的汴渠等也都是规模巨大的治水工程.

3. 中国古人的思维取向

中国古人的思维实际上是以自身为对象而不是以自然为对象的，通常进行的是自我反思而不是对象性认识. 自我反思的目的为“修身”，进一步则在于“齐家治国平天下”，即目的在于“人事”，就是前面说的以“人事”为客体，这就是中国古人的思维取向. 这恐怕是古老的氏族社会更为深刻的“遗风余俗”了 —— 注重人际关系是氏族社会重视血缘关系的适当的推广. 这一思维取向使中国古人的思维表现出这样几个特点：

（1）伦理本位

由于思维取向即主体的需要和愿望的指向是“人事”，即重人际关系. 重人际关系，重的就是伦理道德. “以天为宗，以德为本”就是“伦理本位”思想的重要表述，这种思想使中国古代思想家特别注重伦理政治问题.

中国古代学者在“伦理本位”思想指导下，采取了积极的、入世的、参与的态度，以“治国平天下”为己任. 为达此目的，“学而优则仕”，出仕或做官成为中国古人最重要的追求之一. 这反映了国家作为经济实体,需要大批官员进行管理或经营的经济结构特点.

(2) 重价值判断

中国古代思维有以价值判断统摄事实判断,融事实判断于价值判断之中的特征,又因为具有“伦理本位”思想,因而在中国古代又常以道德判断代替价值判断——人们自觉或不自觉地将符合伦理道德的事物做“好与善”的判断.因而在进行价值判断时,常以“礼”作为判断的标准.

(3) 重实用

中国古代的一切学问,都是以“经世致用”为目的.人们追求的不是关于客观世界的知识,也不是知识间的逻辑关系,而是如何把握事物间的关系,使之“有用”.当然最重要的是对“修齐治平”的应用,即直接的“人事”上的应用.既然思维以主体自身为对象,那么对主体有用就是最有价值的东西.这是以“人事”为思维取向的必然结果.

1.2 关于数和形的原始思维

数学中最古老、最原始的概念是“数”(自然数)和“形”(简单几何图形).它们的形成和发展是数学思想的开端.数和形是反映现实世界的量的关系和空间形式的“原子”和“细胞”,由它们开始,逐渐发展成完善的数学体系.因此,探讨人们如何形成数和形的原始思维,可以作为探讨数学思想的出发点.

数和形是人们作为认识主体对现实世界的反映,是人们的思维的产物.对于自然数的概念的产生,我们现在还只能满足于理论的探讨,因为文物上只能留下数字,无法留下数字的产生过程;而对于形的概念的产生,则有较多的实物可以追寻.

考古学上的许多发现,向我们提供了大量信息,这些信息表明,在中国,在五六千年以前的原始社会就产生了数和形的原始思维.

1. 北京猿人的石器

北京猿人是旧石器时代早期的人类,距今约70万年至23万年.北京猿人居住在北京周口店龙骨山的洞穴中.考古学者在其遗址中发现了 10 万余件石器(图 1-1),其中有砍斫器,尺寸较大;有刮削器,有盘状、直刃、凸刃、凹刃等多种形状;还有尖状器和雕刻器,虽然数量少,但制作精细.还发现了加工石器的石锤和石砧.

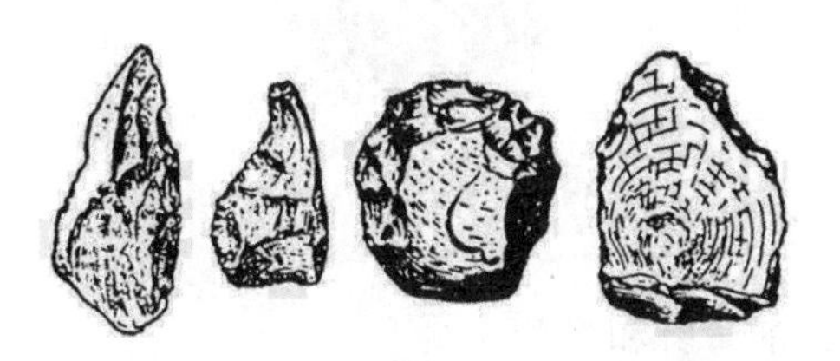

图 1-1　北京猿人使用的石器

要制成各种形状的石器,北京猿人除了观察并接触过大量自然物的形状、大小外,还亲自操作过这些自然物.在操作中,他们的头脑里逐渐有了关于他们具体需要的物的形状的某种表象.这些表象通过实践 —— 对石头的击打操作 —— 转化为他们制造出来的各种形状、不同大小的石器,可见北京猿人对形已有了一些认识.

2.许家窑人的石球和大溪文化的陶球

许家窑人在山西省阳高县许家窑村发现,距今约 10 万年.在遗址中发现石制品 14000 余件,且 20% 为石器,其中石球达 1074 个.石球中最大的直径超过 100 毫米,质量超过 1500 克;最小的直径在 50 毫米以下,质量不到 50 克.其中既有制作得滚圆的成品,又有半成品和毛坯,从中可以清楚地看到制作石球的全部工艺过程.据推测,石球是一种狩猎工具.大量而集中地制造石球,说明当时人们在制造工具的社会实践中、在具体加工的操作中产生了对“球形”的进一步认识.

大溪遗址位于四川省巫山县,20 世纪 50 年代在这里发现了红色空心陶球;1974—1975 年,在湖北省松滋市桂花树遗址出土了一批有镂孔的空心陶球;接着,在湖北省荆州市毛家山遗址出土了陶球和陶弹丸.陶球都是空心的.人们把这种陶球文化称为大溪文化(图 1-2).用天然原料加工成自然界原来没有的物质并制成空心球形,必须先有球形的设计,就是说头脑里要先有一个“球形”并且利用球的一些性质,才能做出球来.此时,古人已经完全形成球的概念了.

图 1-2　大溪文化的陶球

3. 山顶洞人的骨针和骨管

在山顶洞人(发现于北京周口店龙骨山的山顶洞穴中,即居住于北京猿人遗址的上方,距今约 18000 年)的遗址中出土了石器 25 件,还出土了一枚精致的骨针. 骨针磨得很圆,截面呈较规则的圆形. 此外,还出土了 2000 多件用砾石和动物骨骼、牙齿、海蛤壳等制成的各种形状的装饰物,其中有四只骨管,刻着大小不等的豁口(图 1-3). 骨管上的豁口至少有两种解释. 一种解释认为豁口可能是记事的符号,大事刻大豁口,小事刻小豁口,豁口的排列顺序表示事件发生的顺序;另一种解释认为豁口可能是数字记号,小豁口表示 1 个单位,大豁口表示 10 个单位. 如果是后者,则表明山顶洞人已经有进位的思想或顺序的思想,他们已能识别简单的数目层次或者区分前后顺序了,而这正是数得以产生的要件.

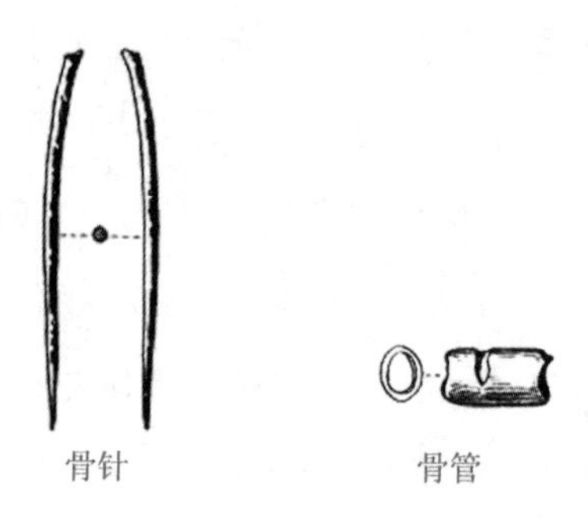

图 1-3　骨针和骨管

4. 仰韶文化的数、形观念

仰韶文化是中国黄河中游地区的新石器时代的文化,因最早发掘于河南省渑池县仰韶村而得名. 现在属于仰韶文化的遗址已经发现了

1000 多处,其中大规模发掘的典型遗址有 10 余处,年代约在公元前 5000— 公元前 3000 年. 仰韶文化中的石器已有十分规则的形状,表明当时的人类已经有了类似于“对称”“平行”“等距” 等抽象的观念.

仰韶文化时期还发明了陶器. 陶器是人类工具制造史上的一次重要的飞跃,表明人的生产力有了很大的提高,也表明人的思维能力有了巨大的发展. 要用一些形状不固定的泥土制成具有某种形状、一定大小的陶器,就一定要在头脑中先有一个“形” 的表象. 人们制造的陶器都有比较规则的几何形状,它们实际上都可以看作人们的“几何图形” 观念的实物模型. 仰韶文化中的陶器有各种各样的形状和不同的大小,说明当时的人们已经具有多种几何图形的观念了. 制作横截面积为圆形的陶器要用陶轮. 陶轮带动陶土转动,只要对陶土在一个点上进行加工就可以在陶胚上形成一个圈,可见陶轮利用了圆的性质(图 1-4).

(a)用陶轮加工陶器示意图，这是人类制作的最早的圆形陶器

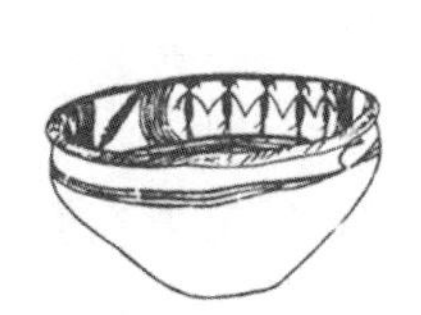

(b)仰韶文化的圆形陶器

图 1-4 圆形陶器

仰韶文化的一大特点是制成了彩陶,因此有时也称为“彩陶文化”. 彩陶上一般都绘有图案,例如动物图案或“几何纹” 图案,后者是真正的几何图形(图 1-5). 这表明人们已从现实的具体的物体的形状、大小中抽象出其集合的类的特点,也就是形成了“形” 的概念.

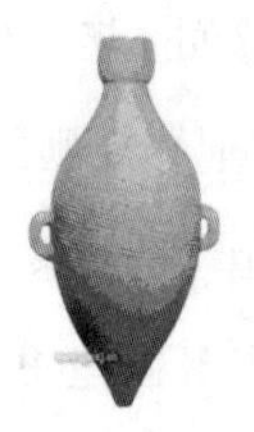

图 1-5　仰韶文化中的彩陶

在半坡遗址(发现于陕西省西安市原东郊半坡村，距今已有6000—6700年，也属于仰韶文化)出土的陶器上发现了许多刻画符号，人们认为其中包括了一些数字，例如X(5)、∩(6)、十(7)、)((8)等.与半坡文化时期相近的陕西姜寨遗址出土的陶器上也有类似的刻画符号.考古研究者认为可以将其补足为1、2、3、4、5、6、7、8、9、10、20、30、40、50、…这样的数字体系.这是真正的数字.这说明当时的中国古人已形成了数的概念，有了数系的初步思想，更为重要的是这些数是表示成十进位制的.

由上述内容可知，中国古人对数与形的原始思维是在原始社会中产生的.在这些原始思维中，不仅形成了数和形的概念，而且产生了十进位制的先声，由此开始了中国古代数学的发展历程，同时，也开始了中国古代数学思想的发展历程.

1.3　甲骨文和十进位制

甲骨文是中国商周时代刻在龟甲兽骨上的文字，最早出土于河南省安阳市西北郊小屯村的殷墟，1899年被学者发现，20世纪进行了几次大规模发掘，先后出土了10万余片刻有文字的甲骨，已发现甲骨文单字4500个左右，已识别出约1700字.甲骨文不仅提供了中国汉字的一种最古老的体系，由此可探讨汉字的起源，而且提供了商代的重要历史资料——现存甲骨是从盘庚迁殷直到商亡的273年间的卜辞及与占卜有关的事件的记载.20世纪70～80年代在陕西省宝鸡市周原遗址又发现了西周甲骨文.甲骨文数字和干支纪日法是中国古代重要的数学创造.

1. 甲骨文数字

仰韶文化中已经产生了十进位制的思想，并且创造出了一些数字，在甲骨文中则系统地完成了独特的中国的数字体系和记数法.

在一片甲骨上刻有从 1 到 9 共九个数字，其他甲骨上也多次出现数字. 除了个位数字外，还有更高级的单位十、百、千、万等. 甲骨文中发现的最大的数字是 3 万，这已经不是单纯的计数所能得到的了，应该说它是记数法的产物(图 1-6、图 1-7).

图 1-6　刻有数字的甲骨图

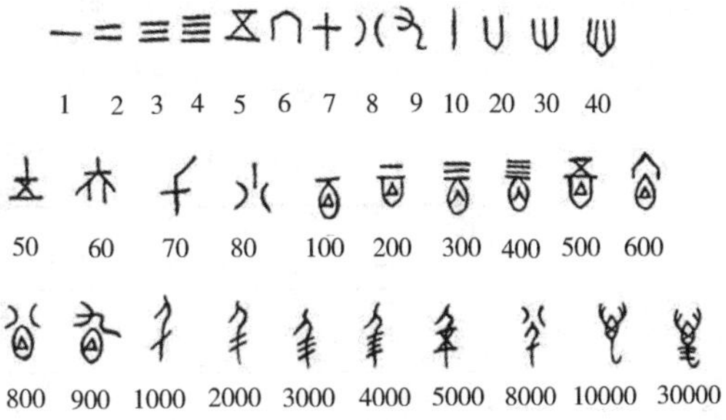

1 2 3 4 5 6 7 8 9 10 20 30 40

50 60 70 80 100 200 300 400 500 600

800 900 1000 2000 3000 4000 5000 8000 10000 30000

图 1-7　甲骨文数字

中国甲骨文中的数制，叫作乘法累数制. 甲骨文数字是十进位制的，一共有 13 个数字：一、二、三、四、五、六、七、八、九、十、百、千、万，用它们可以通过乘法表示出任意的数，不用每次重复书写单位数，例如：

$$
\begin{aligned}
321456 &= 三十二万一千四百五十六 \\
&= 32 \times 万 + 1 \times 千 + 4 \times 百 + 5 \times 十 + 6
\end{aligned}
$$

不用写 32 个万、4 个百等. 后来中国数字一直这样用，在文字表示中甚至一直用到现在. 在甲骨文中，万字是一只蝎子的形状，后来演变成“萬”字.“万”字在甲骨文中没有，它是在周代铜器铭文(金文)中开始使用的. 梁代顾野王(519—581)编《玉篇》时收入此字，并指出：“俗萬字，十千也.”现在万是“萬”字的简化字.

2. 干支纪日法

对时间的认识是人类最重要的科学认识之一，“日”则是人类最早认识的时间单位. 最明显的自然的周期变化 —— 日出日落 —— 就使人们逐渐产生了日的概念.有了日的概念,人们就开始计数日期.计数日期实际上考察的是一种“顺序”,数(自然数)也用来标示(反映)顺序,所以计数日期与数学有着密切的关系.

中国古代有据可考的最早的纪日法是干支纪日法.干是指天干,由“甲、乙、丙、丁、戊、己、庚、辛、壬、癸”10个字组成.支是指地支,由“子、丑、寅、卯、辰、巳、午、未、申、酉、戌、亥”12个字组成.一个天干字配一个地支字就组成一对干支.天干以“甲”字开始,地支以“子”字开始,按此顺序组合,可得60对干支,称“六十甲子”.其组合和所表示的序号见表1-1.

表1-1 六十甲子表

1	2	3	4	5	6	7	8	9	10
甲子	乙丑	丙寅	丁卯	戊辰	己巳	庚午	辛未	壬申	癸酉
11	12	13	14	15	16	17	18	19	20
甲戌	乙亥	丙子	丁丑	戊寅	己卯	庚辰	辛巳	壬午	癸未
21	22	23	24	25	26	27	28	29	30
甲申	乙酉	丙戌	丁亥	戊子	己丑	庚寅	辛卯	壬辰	癸巳
31	32	33	34	35	36	37	38	39	40
甲午	乙未	丙申	丁酉	戊戌	己亥	庚子	辛丑	壬寅	癸卯
41	42	43	44	45	46	47	48	49	50
甲辰	乙巳	丙午	丁未	戊申	己酉	庚戌	辛亥	壬子	癸丑
51	52	53	54	55	56	57	58	59	60
甲寅	乙卯	丙辰	丁巳	戊午	己未	庚申	辛酉	壬戌	癸亥

干支纪日法即按表1-1中从甲子到癸亥,再重复甲子到癸亥,每对干支表示一天,循环使用.殷墟甲骨文已采用了干支纪日法(图1-8).

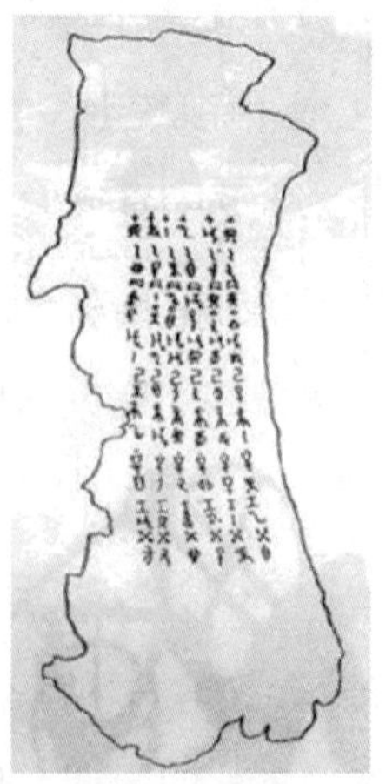

图1-8 殷墟甲骨文采用的干支纪日法

据考证,中国古代自春秋时期鲁隐公三年(公元前720年)二月己巳日(这天发生了一次日食)起就开始使用干支纪日法连续纪日,直到清朝灭亡(1912年),2600多年从未间断过.干支还曾用来纪月,但不长时间就废止了.干支纪年始于东汉初年,以后从未间断,直到现在.例如,2008年的日历上印有"戊子年"字样,就是说公元2008年是农历干支纪年的戊子年.

干支纪日法是一项数学成就,涉及对顺序的认识,而且具有组合方法的初步思想.同时,它对后来的天文历法计算产生了巨大的影响,从而对中国古代数学思想也产生了一定的影响.

1.4 规矩的使用

规是指圆规,它的起源很早.甲骨文中已有"规"这个字,像一只手握着一只圆规画圆.矩是指木工用的直角尺(甲骨文中也有这个字).由相交成直角的长短两尺合成,尺上有刻度,短尺叫勾,长尺叫股.有时为了牢固起见,在二者之间还连上一条杆.如图1-9所示的汉代规矩图就是在山东省济宁市嘉祥县武梁祠石室里的造像——"伏羲氏手执矩,女娲氏手执规".从图1-9中可以见到规和矩的形状.矩的使用是中国古代数学的特点之一.它不但可以用来画直线,做直角,而且可以用来进行测量,有时还可以代替圆规,堪称万能工具.它的起源甚至可以追溯到传说中的大禹治水(约公元前2000年)以前.

图1-9 汉代规矩图

《史记》卷二《夏本纪》记载大禹治水时"左准绳,右规矩".《周髀算经》里有"故禹之所以治天下者,此数之所生也."赵爽注:"禹治洪水……望山川之形,定高下之势……乃勾股之所由生也."意思是说大禹治水,必定要先测量地势的高低,因此要用到勾股定理.诸子百家的著作有很多关于规矩的论述.这说明到了春秋战国时期,规矩就已经被广泛使用了.

规矩的使用,特别是矩的广泛使用,对中国古人的数学思想产生了极其深刻的影响,许多甚至现在看来属于几何学的问题往往习惯于通过直角三角形的模式加以解决(例如没有角的函数的概念,有关问题用勾股定理解决),并且使得测望问题成为数学中最早的问题之一.

1.5 《周易》的数学思想

《周易》即《易经》,是一本很古老的书,著者与年代均不可考.关于《周易》的作者,历来争议很大,但《周易》的数学思想却是众所公认的.

1.《周易》其书

《周易》是古代的一本讲筮卜(用蓍草占卜)的书,它与《诗经》《尚书》《礼记》《春秋》四部古典著作合称五经,是中国古代学校教育的法定教科书.五经对中国古代文化思想产生了根本性的影响.有人认为《周易》为五经之首,对中国古代的各种思想有着特别重要的意义.

中国古代的各种科学研究,都或多或少地打上了《周易》的烙印.例如,在天文学研究中,《周易》一直是指导性理论.而在数学("数术")研究中,《周易》更有着特殊的意义:在中国古代数学著述的序言中,几乎都要指出著述与《周易》的关系.实际上,《周易》本身就包含着丰富的数学思想.

2.八卦和六十四卦

八卦是《周易》中论述万物变化用的八种基本图形,由"—"和"- -"两种基本符号组成."—"和"- -"分别叫作"阳爻"和"阴爻".这两种符号每次取3个,至多能组成$2^3=8$种图形,就是八卦.名称分别是:乾、坤、震、巽、坎、离、艮、兑,象征天、地、雷、风、水、火、山、泽八种自然现象,用以推测自然和社会的变化.古人认为阴、阳两种势力的相互作用是产生万物的根源,乾、坤两卦则在八卦中占有特别重要的地位.太极和八卦组合成了太极八卦图(图 1-10).

卦 名	卦 象	数目代表
乾	☰	1
兑	☱	2
离	☲	3
震	☳	4
巽	☴	5
坎	☵	6
艮	☶	7
坤	☷	8

(a) 八卦表

(b) 太极八卦图

图 1-10 八卦表与太极八卦图

八卦两两相合就成为《周易》的六十四卦,每一个卦象由 6 条线("—"或"- -")组成,每条线就是一个爻.所谓用蓍草占卜就是每次通过 49 根蓍草的摆布(叫作"大衍")得出 6、7、8、9 中的一个数,就决定了一个爻,连做 6 次得到 6 个爻,就构成一个卦象,进而就可以根据《周易》的卦辞、爻辞进行占卜了,这个过程也称作"筮占"或"筮卜".

3. 筮卜的方法

《周易》上的原话是:"大衍之数五十,其用四十有九.分而为二以象两,挂一以象三,揲之以四以象四时,归奇于扐以象闰,五岁再闰,故再扐而后挂"."十有八变而成卦".其筮卜的方法解释如下.

大衍的方法:进行三次叫作"变"的"衍(演)算".

"一变":把 49 根蓍草随机地分为两堆 —— 注意,这个随机分堆非常重要,因为这一分堆基本就决定了最后的结果;在其中一堆中取出 1 根蓍草不用;然后把两堆蓍草分别按 4 个一组进行分组,分完后,两堆都有余数,即余 1 根、2 根、3 根或 4 根(如果全都分完,即没有余数,就算余 4 根);把所有的余数都去掉.这样余下来的两堆蓍草之和不是40根就是44根(为什么?读者可以自己做一下 或者算一算).

"二变":把"一变"余下的40根或44根蓍草再按上述方式"演算"一遍,去掉余数后,余下来的蓍草数可得下面三种情况之一:40根、36根或32根.

"三变":把"二变"余下的蓍草按同样的方法再"演算"一遍,去掉余数,余下的蓍草数只能是下面四种情况之一:36根,32根,28根,24根.最后除以4,就可确定一个爻.它是下面四种情况之一:

36/4 = 9(阳爻,用"—"表示)

32/4 = 8(阴爻,用"- -"表示)

28/4 = 7(阳爻,用"—"表示)

24/4 = 6(阴爻,用"- -"表示)

这样由三变确定了一个爻.

这一过程重做6次,得到6个爻,就确定了一个卦象.

4. 从数学的角度考虑《周易》

从数学的角度考虑《周易》,大衍有两大特点.一是程序确定,分别为"一变""二变""三变";二是计算结果确定,必为6、7、8、9四个数之一.因此大衍就表现出机械性和算法性质.特别是引入的"同余"思想,在宋代数学中得到发扬光大.下面介绍其计算流程.

定义两种运算:

$$R_1 + R_2 = N$$

运算 P_1:

$$R_1 - 1 \equiv r_1 \pmod 4$$

$$R_2 \equiv r_2 \pmod 4$$

运算 P_2:

$$N = N - r_1 - r_2 - 1$$

"一变"的程序框图如图1-11所示.

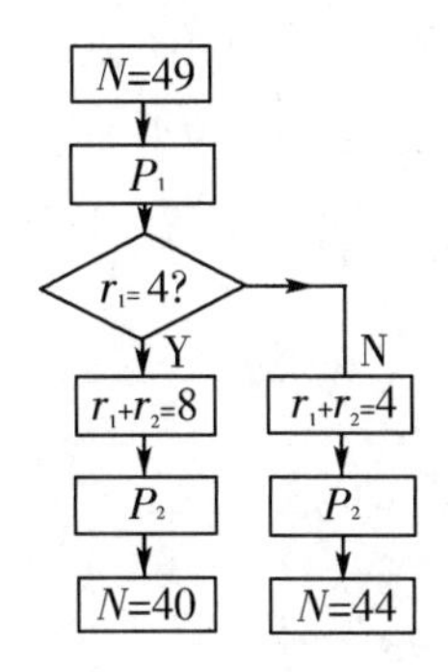

图 1-11 “一变”的程序框图

“二变”的程序框图如图 1-12 所示.

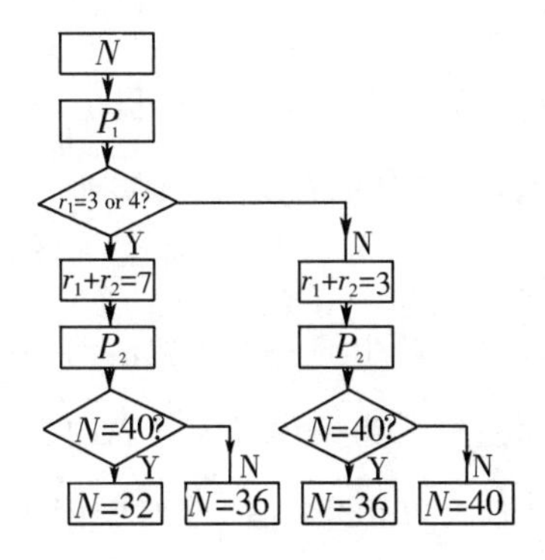

图 1-12 “二变”的程序框图

“三变”的程序框图如图 1-13 所示.

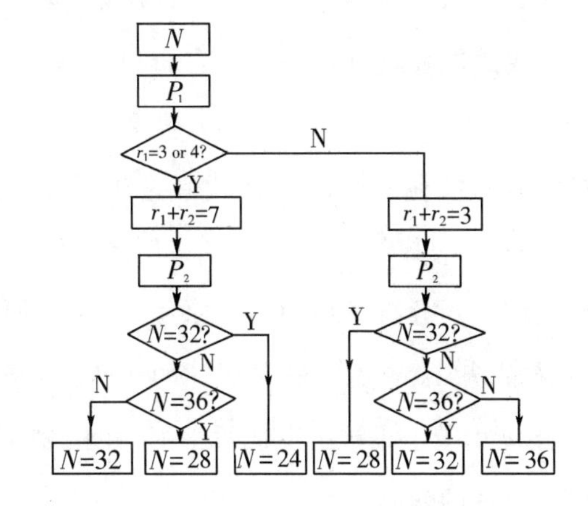

图 1-13 “三变”的程序框图

定爻的程序框图如图 1-14 所示.

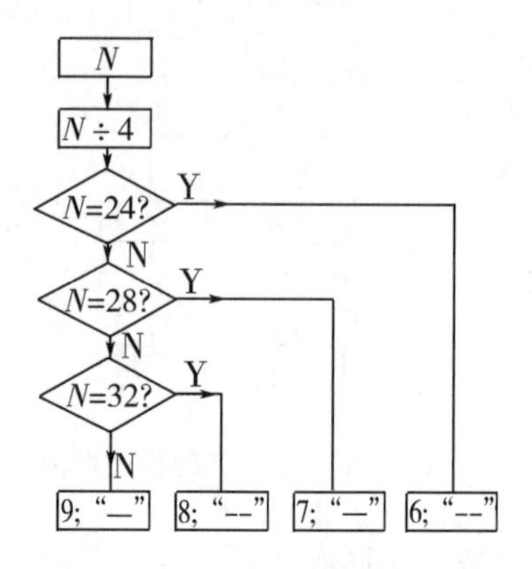

图 1-14　定爻的程序框图

从上面的流程和结果来看,筮卜的过程是一个计算的过程,得到的每一个爻是一个数,一个卦象就是一个数表.

5. 筮卜的意义

占卜是在原始社会中产生的一种宗教活动,在中国奴隶社会和封建社会中长期存在,并且"成为一种极为强固的文化结构和心理力量"之一.这就是《周易》能成为五经之首,能对中国古代的哲学、思想、科学等产生巨大影响的原因之一.

占卜的方式在远古时亦有多种:龟卜、枚卜、筮卜等.后来,筮卜逐渐有所发展,它依靠数字符号来传递信息.在这里,数字和符号"—""- -"及由它们组成的数表就成为一种信息转换的载体,可以与万事万物相联系.

人们一方面利用《周易》来筮卜,解决日常生活以及军国大事的疑难问题,另一方面又把卦象、卦辞、爻辞看作体现了某种规律的东西,从而直接把它们作为分析事物的指导原理.这时人们利用易理来说理,认识世界,《周易》就具有了某种哲学的意味.后来这种用法逐渐增加.《周易》逐渐由筮卜书被改造成哲学书,并且被认为是探讨天人之道、世界根本原理的学问.

6.《周易》对中国古代数学思想的影响

《周易》从汉代以后成为太学的首选教科书,因而成为士人的必读书,它通过蓍草数认识万物(尽管最初表现为筮卜的形式)的思想在社会中产生极大的影响.

利用各种卦象、卦辞、爻辞来进行信息转换,实际上是利用卦象来表示各种事物及其联系,并将其进行了规范化、抽象化和系统化.即古人把这个信息转换体系当作认识世界、解释世界的工具,逐渐形成了独特的"万物皆数"的数学观.如前面对筮卜的分析,这种卦象是一种数表,是通过数的演算得出来的,因而《周易》的哲学对中国古代数学思想有重大的影响.

《周易》使中国古代数学有强烈的实用思想.《周易》把数与万物联系起来了,这是中国古代典型的数学观念.《周易》利用数表转换了社会生活的各个方面——行旅、战争、饮食、渔猎、牧畜、农业、婚媾、居处、家庭生活、妇女孕育、疾病、赏罚讼狱等——的信息,因而可以把数学应用于所有方面.

《周易》形成了独特的算法化思想.《周易》的数表使得人们认为对数的处理就是运用某种计算工具进行计算,在各个领域里应用数学都离不开计算,重计算的结果必然产生算法化思想.计算需要计算工具.既然人们用蓍草进行"演算"得出爻卦来沟通万物,同样可以继续用棍状物(模拟蓍草)进行数的计算,后来作为计算工具的算筹也是棍状物,其思想即来源于此.

《周易》使数学具有辩证思想.在利用《周易》的数表进行信息转换时,是把万物作为一个有机整体联系在一起的,它们之间还具有相互作用.这使得中国古代较早地产生了朴素的辩证思想,并由数表转换到数学中,从而使数学具有丰富的辩证思想,这在古代数学中是十分独特的.由此在数学中较早地产生了极限思想及正负数计算等,这在世界数学思想的发展中占有重要地位.

《周易》具有初步的组合数学思想.《周易》的数表后来和阴阳五行相结合,构成了一个有方位配制的八卦(或六十四卦)方位图.这种数表中的位置是有具体意义的.有限个符号在不同的位置上相配置、组合(形成数表)就生出无穷多种意义来(生成万物或表示万物的联系).这种思想对中国古代数学的发展产生了巨大的影响.中国古代数学的算筹运算中,位置具有重要的意义.例如,解线性方程组时,不同的位置表示不同的未知数.在高次方程理论中,位置表示未知数的不同次数.这种"位置制"的简单性使中国古代数学在上述几个方面取得了一系列的成果.《周易》还产生了专门研究组合数字方法的"纵横图"等,表现出了初步的组合数学思想.

关于"纵横图",其来源是《周易·系辞上》的一段话:"是故天生神物,圣人则之;天地变化,圣人效之;天垂象,见吉凶,圣人象之;河出图,洛出书,圣人则之."(译文:所以,天生神奇的蓍草、龟甲,圣人用来占卜.天地产生的各种变化,圣人效法建立占卜的原理.天显示风雨、干旱、日食、月相、彗星等天象,作为吉凶的征兆,圣人取法来预卜吉凶.黄河出现了背上有图形的龙马,洛水出现了背上有图形的神龟,是祥瑞的征兆,圣人依照河图画出八卦,依照洛书制定九畴,就是治理天下的法则.)

这个河图、洛书是什么?西汉的《大戴礼记》中说洛书是一个"明堂"图或者"九宫"图,把二、九、四、七、五、三、六、一、八写在一个正方形表格中就是洛书.河图也是一个与数目相关的"表格".河图与洛书后来逐渐演变为如图 1-15 所示的形式.

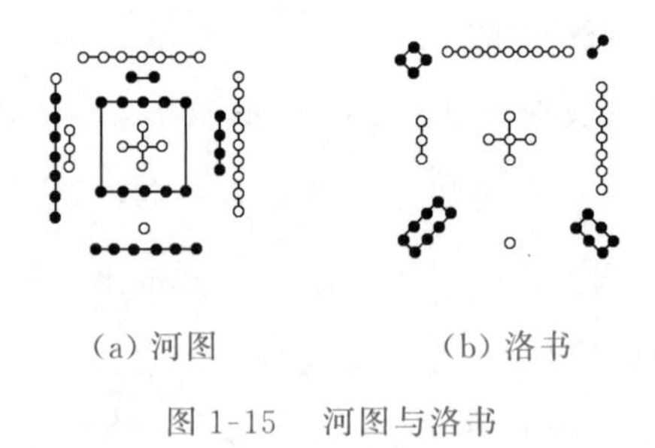

(a) 河图　　(b) 洛书

图 1-15　河图与洛书

由洛书可引申出三阶纵横图(图 1-16).n 阶纵横图是由 1 到 n^2 这些数排成一个 $n\times n$ 的数表,使表的纵列或横行上数的和与对角线上的数的和相同.1977 年陕西西安出土的"式盘"上有三阶纵横图的实物.

4	9	2
3	5	7
8	1	6

图 1-16　三阶纵横图

1.6　先秦其他典籍中的数学思想

先秦的许多典籍中都包含一定的数学思想，除《周易》见前述外，我们对《考工记》《礼记》《周礼》《管子》《墨经》和《庄子》的数学思想做一点摘要.

1.《考工记》中的数学实用思想

《考工记》是春秋时期齐国人记录手工业技术的官书.

《考工记》既是当时手工业技术的总汇，又记述了手工生产设计的规范、制作工艺等生产技术问题，内容涉及木工、金工、皮工等多个工种，分别对车辆、兵器等 30 种手工业制品的设计制作进行了探讨. 就现在的认识来看，这些设计制作不可能完全与数学无关，恰恰相反，一定的数学知识是设计制作的前提条件. 手工制作的数学知识完全是为了制作而使用的，目的不在于数学而在于相关的知识的有效和可应用，这就是数学的实用思想.

例如，对于制作车轮这样一个圆形的物品，有这样几个要求：外周要圆，《考工记》要求用圆规来检查；圆面要在一个平面内，《考工记》要求随时校正其偏差；车轮的辐条要求过圆心，《考工记》要求用悬垂线进行检查.

再如关于角度，《考工记》中有“车人之事，半矩为之宣，一宣有半谓之欘，一欘有半谓之柯，一柯有半谓之磬折”这样的话，指的就是角度（书中称为“倨勾”，倨指钝角，勾指锐角）. 具体的含义是：

$$1\text{宣}=\frac{1}{2}\text{矩}=\frac{1}{2}\times 90^\circ=45^\circ$$

$$1\text{欘} = 1\frac{1}{2}\text{宣} = 45^\circ + 22.5^\circ = 67.5^\circ$$

$$1\text{柯} = 1\frac{1}{2}\text{欘} = 101.25^\circ$$

$$1\text{磬折} = 1\frac{1}{2}\text{柯} = 151^\circ 52' 30''$$

不过后来,中国古代数学中始终没有发展起角度的概念.虽然中国古代数学有弧长的概念,但是没有将弧长与圆心角相关联;此外,中国古代数学中也一直没有角的函数的概念,现在用三角学解决的问题在中国古代一律用勾股术(直角三角形模型)来解决.

《考工记》中关于兵器制造和标准量器的制作也涉及较多的数学知识.

《考工记》最重要的数学思想就是数学是一种掌握实用技艺所需的知识,实际上可以把数学本身看作一种可以在社会生活、生产中广泛应用的实用的技艺,即所谓"六艺"之一.这种数学实用思想越来越得到发展,成为中国古代的主要数学思想之一.

2.《礼记》《周礼》中的数学教育思想

远在西周时期,数学就是基本教育内容的"六艺"—— 礼、乐、射、御、书、数 —— 之一,《礼记·内则》说:"六年(六岁时)教之数与方名……九年教之数日,十年出就外傅(老师),居宿于外,学书计."就是说,在初等教育中包括了数学教育:6 岁开始学习计数和辨别方向,9 岁学习干支纪日法,10 岁学习写字、文法和数学知识,提高计算能力.这与"六艺"的要求是一致的.

根据《周礼》,"六艺"中的"数"指的是"九数",汉代郑玄认为"九数"是"方田、粟米、衰分、少广、商功、均输、方程、盈不足、旁要,今有重差、夕桀、勾股也".其中显然窜有汉代的内容.但由此可知,"数"的教学内容是与时俱进的,包括了"那个时代民生日用的主要计算问题".因此《礼记》《周礼》的数学教育思想就是数学的实用性教育.这对后来数学实用体系的生成有极大的"选择"作用.

"六艺"把数学作为一种技艺进行教育的思想在中国古代影响十

分深远，自然也就产生了运用数学的实用思想.在当时，数学也确实起到了经世致用的效果.例如，当时已十分受重视，并视为与王权有关的天文历法就离不开数学，周代已设立专门的职官来掌管，后来还设立了管理国家财政收支的官员“司会”，掌管军需计算的职官“法算”等.

因为数学能“经世致用”，所以也越来越受到统治者的重视，数学教育有越来越加强的趋势，在隋唐时期达到了高峰.“能书会计”成为评价官员才能的一项指标.

发端于《礼记》《周礼》等的中国古代数学教育是以培养社会生产、社会生活各领域内需要的数学人才为目标的，因而发展了“经世致用”的数学实用思想.

3.《管子》中的数学思想

《管子》并不是由管仲(?—前645)所著，也不是一人一时的成果，大概是战国(前4世纪)时期的作品，原有86篇，今存76篇.《管子》内容庞杂，包含道家、法家等各派思想及天文、历数、经济和农业等知识，在论述经邦治国时涉及了许多数学知识.

《管子》已经意识到数学的社会功能并自觉地在社会管理中运用数学知识.《管子》指出治国、治军有七法:“则、象、法、化、决塞、心术、计数.”这里的“计数”是指“刚柔也，轻重也，大小也，实虚也，远近也，多少也”，显然各种量的关系即数学研究的对象，这就要用到数学计算.《管子》还说:“不明计数，而欲举大事，犹无舟楫而欲经于水险也……举事必成，不知计数不可.”这里的“法”是指“尺寸也，绳墨也，规矩也，衡石也，斗斛也，角量也”，既涉及计量的关系，又具有空间形式的要求，这二者都是数学研究的对象，因此“法”也与数学有关.《管子》又说:“不明于法，而欲治民一众，犹左书而右息之……和民一众.不知法不可.”强调要治理民众，从事社会管理(政治、军事)等就要懂得数学.这是在社会管理、政治、军事等方面运用数学并在一定程度上依赖于数学的思想.

《管子》多处利用数学运算来解决实际问题.例如，乘法口诀、各种分数的表示法和分数乘法以及比例的计算问题，都是在实际应用中表述的.

《管子》中最引人注目、最有特色的数学思想是指数思想.

中国乘方与指数的概念最早出现在关于音乐的理论中.中国古代用竹管来定音律,所根据的是"三分损益"的原则.以一根 9 寸长的竹管为标准,吹出的音调叫作"黄钟".然后"三分损一"(将管分为三等份而去掉一份),剩下 6 寸作为第二根管的长.再"三分益一"(将管分为三等份而增加一份),所得 8 寸作为第三根管的长."三分损一"就是乘以$\frac{2}{3}$,"三分益一"就是乘以$\frac{4}{3}$.这样连续做四次,就得到五根长度不同的管子,吹出中国古代常用的五个音:宫、商、角(jué)、徵(zhǐ)、羽.这五个音相当于现代简谱上的 do、re、mi、so、la.设第一根管的长为 1,则这五根管的长依次是 1、$\frac{2}{3}$、$\frac{8}{9}$、$\frac{16}{27}$、$\frac{64}{81}$.

如果假定第一根管的长为 $81(=3^4)$,那么五根管的长都是整数:81、54、72、48、64.按照"三分损益"继续做下去,可以得到十二律.但要保持损益后所得的 12 个数都是整数,可以假定第一根管的长为 $3^{11}(=177147)$.

最早记载这种理论的是《淮南子》:"故黄钟之律九寸,而宫音调;因而九之,九九八十一,故黄钟之数立焉……十二各以三成,故置一而十一,三之,为积分十七万七千一百四十七,黄钟大数立焉."古代是用筹来运算的,用数去乘 1,先将被乘数 1 放置好,所以说"置一",能够放置的数应该是表示数的计算工具——算筹.很明显,"置一而十一,三之",就是乘方运算,11 就是我们现在的指数,整句话包含算式

$$1\times 3^{11}=177147$$

具有指数的初步概念.

《管子》卷十九《地员》篇讲到乐律,也说:"先主一而三之,四开以合九九.""主一"就是置一,与《淮南子》一样,1 用 3 乘,连乘四次(四开)便得九九之数,即 $1\times 3^4=9\times 9=81$.其中"四开"特别明显地将指数概念表达出来.

4.《墨经》中的数学思想

墨子(约前 468— 前 376),名翟,鲁国人,是墨家的创始者.《墨子》虽不一定是由墨子本人所著,但至少其中的发现及言论应归功于墨子.《汉书·艺文志》著录《墨子》71 篇,现仅存 53 篇.其中《经上》《经下》《经说上》《经说下》是重要的组成部分,被尊为经典,合称《墨经》.在诸子著作中,论及自然科学的,以《墨经》最有系统.它包含几何学、力学、光学、逻辑学等方面的论述,是上古时期流传到现在最出色的典籍之一,其中包含了一些重要的数学思想.

同一律思想.《经下》说:“彼,正名者彼此彼此,可.彼彼止于彼,此此止于此,彼此不可.彼且此也,彼此亦可.”这就是说“彼”之名必须专指彼之实,“此”之名专指此之实,“彼此”之名必须指彼此之实.这是合逻辑的.如果“彼”之名不同于“此”之实,“此”之名也不同于“彼”之实,那么,以“彼”名“此”就不合逻辑,因而“不可”.如果“彼”“此”名实相合,那么以“彼”名为“此”名是可以的.这里包含了某种同一律思想.

矛盾律思想.墨家重视辩论,在辩论中强调矛盾律思想.《经上》说:“辩,争彼也,辩胜当也.”《经说上》说:“辩,或谓之牛,或谓之非牛,争彼也.”这是说“辩”就是争论同一事物(“彼”)或同一命题(“彼”)的是非真假问题.一个事件不能同时为是又为非,一个命题不能同时为真又为假.“彼”既是牛又不是牛,是不可能的.这里包含了矛盾律思想.

排中律思想.《墨子·小取》篇说:“夫辩者,将以明是非之分,审治乱之纪,明同异之处,察明实之理,处利害,决嫌疑.”墨家以辩者自居,对于是非、治乱、异同、明实、利害、功罪,都要泾渭分明,非此即彼,二者必居其一.这里包含了排中律思想.

在这几个基本逻辑规律的基础上,墨家对一些数学概念给出了比较明确的定义,表 1-2 列举了《墨经》中的一些数学定义.

表 1-2 《墨经》中的一些数学定义

概念	原文	释义
点	端，体之无序而最前者也	端点是物体最前面的一点，不可能有在更前面的部分了
平行	平，同高也	距离处处相等的两条直线的关系是平行
直线	直，参也	直线上有三个点
相等	同，长以正相尽也	完全重合的两物为相等
圆	圜，一中同长也	圆是与中心等距离的点的轨迹
	圜，规，写也	圆是用“规”画出的图形
正方形	方，柱隅四讙也方	正方形有四条边和四个角，而且四条边相等，四个角相等
	矩，见也	正方形是用矩检验的图形
有界	穷，或有前，不容尺也	有边界的区域叫作有界
	穷，或不容尺，有穷	与边界线的间隔不能容纳一线，就是有界
无界	莫不容尺，无穷也	没有边界的区域叫作无界
体积	厚，有所大也	体积是物体在长、宽、高三方面的大小
部分	体，分于兼也	部分是从整体划分出来的

墨家讲究“正名”，重视概念. 与数学有关的定义还有一些，如“仳”“半”“得”“撄”“次”“盈”“始”“尺”“区”“间”等. 墨家的数学概念和逻辑思想在先秦曾一度大放异彩. 可是，由于墨家在秦汉以后衰微，传下来的《墨经》又多断简残篇、译读困难，所以在西汉“罢黜百家，独尊儒术”的历史条件下，墨家的逻辑思想没有与中国古代数学真正结合起来，直到清代，才又有人重新研究. 但不可否认，墨家重逻辑的数学思想对中国古代数学还是有影响的.

5.《庄子》的无限、极限思想

庄子(约前 369— 前 286)，名周，是有名的哲学家. 他有一个朋友惠施(约前 370— 约前 310)，经常和他辩论.《庄子》一书记述他们辩论的地方很多.《庄子》原有 52 篇，现存 33 篇，由庄子本人或他的后学所做. 其中的《天下》篇(第 33 篇)在学术上有巨大的价值，包含了很多数学思想，最主要的是无限、极限思想.

(1) 无限思想

《庄子 · 天下》中有：“惠施多方，其书五车，其道舛驳，其言也不中 …… 至大无外，谓之大一；至小无内，谓之小一 …… 飞鸟之景，未尝动也.镞矢之疾,而有不行不止之时."

"大一"相当于现在的无穷大,"小一"相当于现在的无穷小."外"是外界或边界."至大无外,谓之大一"可译作:至大是没有边界的,叫作无穷大."至小无内,谓之小一"可译作:至小是没有内部的,叫作无穷小.这是对无限的一些认识.

"飞鸟之景,未尝动也"和古希腊埃利亚学派的芝诺(约前490—约前436)所提出的悖论"飞箭静止说"如出一辙."镞矢之疾,而有不行不止之时"的立论更为精辟,可解释如下:如果一个物体在一瞬间占有两个不同的位置,这个物体一定在运动着.如果在一段时间内占有同一个位置,这个物体就是静止的.现在把时间分得这样细,使得每一瞬间飞箭只占有一个位置(如果占有两个位置,可将时间再分为两半).这时既不能说它是静止的,又不能说它在运动着.这叫不行不止.

这种结论是在对无限的深刻认识的基础上做出的.

(2) 极限思想

《庄子·天下》中有:"一尺之捶,日取其半,万世不竭."

"捶"同"棰",是指一根棍子."万世"是永远的意思.竭是尽的意思.这句话的意思是:一尺长的棍子,第一天取去一半,第二天取去剩下的部分的一半,以后每天都取去剩下的部分的一半,这样永远也取不尽.

现在讲数列极限时,这个著名的论断仍常常被引用,这是对极限高度认识的概括.

注意此处"一尺之捶"指的应该是线段,中国古人常用具体的事物来表达抽象的概念,这个理论含有线段的无限可分性思想.即只考虑"捶"的量(长度)的性质,因此是对极限过程的一种数学思考.

如果也考察"捶"的质的特征,即考虑"捶"本身,那么这句话就可以进一步引申为一个有限和无限的辩证转化过程."一尺之捶,日取其半"是一个从有限向无限的转化过程.就"捶"的长度来说,分的过程可以是无限的,无论分得多么小,一定可以取得长度一半的,这是一个无限的过程.但是"纯粹的量的分割是有一个极限的,到了这个极限它就转化为质的差别”. 对作为一定质的“捶”来说,具体的分割又是“可竭”的,即分到一定的节点时,就不能保持“捶”之所以为“捶”的质了. 这个节点就是“取”的一个极限,它标志着分的过程从无限到有限的转化. 这个节点大约在分到第 30 天时达到,长度大约是 10 亿分之一尺,已经小于分子直径的数量级,这时就不再称其为“捶”了. 可见,“取”的过程是一个有限和无限的对立统一过程.

二　数学思想的最初表达

公元前221年，秦始皇统一六国，创立了中国历史上第一个中央集权的封建专制国家. 汉继秦制，巩固完善了这一制度. 一般地说，中国古代的政治、经济、思想甚至版图都是在秦（前221— 前206）、汉（前206— 公元220）时期定型的. 中国古代的科学体系和教育体系都是在汉代形成的，中国古代数学思想的系统化、数学表述的体系化也是在汉代实现的. 这些对中国古代数学的发展起了重要的示范和指导作用. 中国古代数学思想的系统化可以分为两个阶段来考察，本章探讨中国古代数学思想的最初表达对秦汉大一统的思想文化的重大意义. 出土的《算数书》和《周髀算经》提供了不同的数学思想，而算筹和筹算对中国古代数学思想的系统化产生了重大影响.

2.1　秦汉大一统的思想文化

从社会的经济结构、政治结构和中国古人遇到的数学问题这几个方面来分析秦汉大一统的思想文化对中国古代数学思想发展的影响.

1. 秦汉社会的经济结构

中国古代社会的经济结构在商周之际就已经清楚地呈现出来，在秦汉大一统社会中得到固定，即小农经济、土地私有和国家的经济功能.

在秦汉大一统社会中，国家的经济功能得到无限的放大和提高，国家在实质上成了国家经济的管理者、经营者. 例如，铁犁的使用和牛耕法的推广就是在汉代一位官员（主管农业生产的官府“大司农”属官）赵过的总结、指导下进行的.

2. 秦汉社会的政治结构

秦汉社会的政治结构有这样几个特点:家国同构、君权至上、等级制度和官僚政治.

中央集权的君主制下的官僚政体和与之相应的官僚阶级的存在是中国古代社会政治结构的重要特点.在中国封建社会中,皇帝有至高无上的权力,不过要想实现、使用这种权力,还必须建立一整个实施权力的中介机构,必须有组成这些机构的人员——官僚集团,以及相应的官僚制度.中国古代官僚制度的特点是:官僚集团是国家的管理集团;官僚的选拔之权全在皇帝,由皇帝根据需要,以各种方式选择,其职位不是终身制,一般也不能世袭.

这一点有巨大的意义.因为在中国封建社会中,对农民不实行固定的身份制,因而在改朝换代、科举考试等因素下,不时有少数平民上升为官僚,而官僚则可能因各种因素降为平民.这种纵向的社会流动,强化了封建社会的等级制,加强了王权.因而在中国封建社会中做官一直是人们追求的目标.

培养和选拔官吏是封建社会政府的一项重要的不可间断的工作,这项工作的核心就是教育.中国古代对教育的重视是罕有其匹的——要不断地培养各级各类的官僚.一个特别有意义的现象是:一定的数学知识也是许多官僚工作所需要的,因此数学教育在中国古代受到一定程度的重视,并且得到相当程度的实施.对官员“能书会计”的要求就是从这里发源的.

3. 中国古人遇到的数学问题

由于国家具有经济功能,因此在中国古代社会,对生产生活的管理、对一些生产部门的经营都是政府官员的职责,与之有关的科学也是“官办”的,即“学术官守”.

那么中国古人遇到了哪些需要用数学来解决的问题呢?

首先就是把数学应用于社会生活的各个领域中,例如土地测量、税收、平均负担、大型水利工程设计修建等——用数学来解决有关的管理等问题.与实用相联系着的则是各种数据的计算.因为要解决各个领域中的问题,所以要求迅速得出可以利用的计算结果,这种迅速计算的要求逐渐产生了解决一类问题的算法.有了算法,一类问题就可以迅速求解,算法自然就成为应用数学的主要内容了.由于实际问题所需要的只是最终的可以利用的正确结果,例如一块地的面积是多少,要收多少税,要用多少人工等,所以要求解决“怎样做”的问题远多于“为什么”的问题,一般也不要求明确思考过程和进行逻辑证明.由于实际应用要求尽可能快地得出结果,又尽量利用了计算工具,中国古代数学与计算工具有密切的关系.受计算工具的影响,中国古代数学著述的主要内容大都是与计算工具的算法有关.

再如天文历算是中国古代社会生活最重要的事情之一.由远古的王权神授观念发展到封建社会神权、政权、族权、夫权“四大绳索”一体化,即政权与意识形态合一的、一体化的、大一统的皇权专制的国家观念,帝王受命于天的观点越来越强烈了.既然受命于天就要代天言事、阐明天意,因此要制定历法,预测及解释天象和其他自然现象,这些当然间接地反映了农耕社会的经济需要.但代天言事却是直接的政治需要,例如制历、颁布历法就是朝廷的大事,许多天象也涉及当时的政事,因而天文历算成为最重要的研究领域和朝廷的学术业务部门.数学在天文历算中有重要的作用,中国古代数学可以说就是在历算中发展起来的.为制定历法或解释天象,相当多的知识分子把数学作为学习科目,“六艺”中之所以会有“数”与此有很大关系.历代对于数学和数学教育重视,与此也极有关系.天文历算的数学需要基本上是一种计算需要,它们立即成为数学中的研究课题,也进一步促使数学向实用化、计算化的方向发展,数学实用思想、算法化思想都与此有关.

在中国古代思维取向的制约下,数学只能形成一个重计算的实用体系,这固然有与实践密切结合的优点,这个优点使中国古代数学得到长足的发展,但同时却又使数学无法形成一个完整而严格的理论体系.在这种思维方式之下,数学受到一定程度的重视:作为一种对现实、对人生有用的技艺被官方承认,并进行了相应的教育,因而促进了数学的发展;但同时,这种应用是以统治阶级的需要为取舍的,数学始终是可用又不必太重视的工具，实际上封建社会里对数学是相当轻视的，认为“算术亦是‘六艺’要事，自古儒士论天道定律历者皆学通之，然可以兼明，不可以专业”(《颜氏家训・杂艺》)，这又影响了数学的发展.

当然，具有《周易》所提供的“万物皆数”思想的中国古人，在社会生活中也遇到了另一类数学问题，例如在研究天文历算时，要提出关于“天”“日月”的问题：离我们有多远？它们怎么运行？我们怎么来描述它们的运行？再如在讨论时可能提出怎样讲话才是“合理”的？由某个理由怎么才能得出结果？得出什么样的结果才“合理”？等等.《墨经》和《管子》的部分内容已经提出了这样的数学问题. 这些是在中国古代数学中颇有些“另类”的数学问题，但不能不说也是有重要意义的数学问题.

非常重要的是，由于中国古代社会经济结构和政治结构的稳定性，中国古人遇到的数学问题也是相对稳定的，甚至在一定程度上是固定的. 这为中国古代数学思想的积累、发展、深化带来机遇，但是也带来了模式化、固定化的挑战. 因此，应对挑战、把握机遇就成为中国古代数学思想发展的关键环节.

2.2 《算数书》中的数学

1984 年，一个考古发现震动了整个中国数学史界，那就是在湖北江陵县张家山 M247 号汉墓出土了《算数书》竹简. 这是一部史书上未见记载的古代数学著作，其内容和数学思想都很独特.

1. 出土情况

《算数书》竹简原来的三道苇早已腐烂，200 多枚《算数书》竹简次序混乱，其中 180 枚完整，其余残缺.《算数书》竹简本身没有写作年代信息. 考古学家根据 M247 号古墓同时出土的其他文物的纪年和成文年代，鉴定 M247 号古墓关闭于吕后二年(公元前 186 年)，推断《算数书》当成书在公元前 186 年之前. 后来进一步断定，《算数书》成书于公元前 202 年至公元前 186 年，比《九章算术》早一二百年.《算数书》竹简每枚长约30厘米，宽6毫米至7毫米，上下各有竹节，上竹节离竹简上端约1.5厘米，下竹节在竹简下端之上2厘米.《算数书》竹简的文字为7000余字隶书，用墨书写在每枚竹简正面两竹节之间，每枚竹简上书写的字数从3字到36字不等.

2. 内容介绍

2000年，张家山汉简整理小组发表了根据《算数书》整理出来的简体字全文. 2001年，科学出版社出版彭浩《张家山汉简算数书注释》繁体字版. 人们终于见到了《算数书》的全貌. 从表述内容来看，有《九章》[1]方田、粟米、衰分、少广、商功、均输、盈不足等问题，包括整数和分数运算、比例、几何计算、面积、体积、负数、双设法等内容.

全书分为首尾明确的69个段落，每一段落有一个标题，标题长短由一字到四字不等. 最短的段落，只占一枚竹简，如"增减分"："增分者增其子；减分者增其母". 多数段落占多枚竹简. 段落的结构多按照一定的格式，先是命题，次为答案，最后是"术"，例如"粟求米"：

"粟求米，因而三之五而一之. 今有粟一升七分三，当为米几何？曰：为米七分升六. 术曰：母相乘为法，以三乘十为实."

《算数书》的每个段落是一个算题，其标题分别是：里田，约分，合分，出金，乘，分乘，粟求米，米求粟，舂粟，程禾，女织，息钱，圜亭，方田等.

按数学内容划分，算题大致包括如下几个方面：

(1) 整数、分数运算

"乘"："一乘十，十也；十乘万，十万也；半乘千，五百；少半乘少半，九分一也；四分乘五分，二十分一；七分乘八分，五十六分一也."

(2) 级数

"女织"："邻里有女恶自善织，日自倍，五日织五尺. 问：首日及其次各几何？曰：始织一寸六十二分寸三十八，次，三寸六十二分寸十四，次，六寸六十二分寸二十八，次，尺二寸六十二分寸五十六，次，二尺五

---

[1] 以下提到的《九章》均指《九章算术》.

寸六十二分寸五十.术曰……"

这是一个很有趣的题目:一女邻居,每天所织的织物是前一天的2倍,这样5天织出5尺织物.问每天织多少?这是一个已知等比级数项数、公比、5项之和求各项的问题.答案写成分数易于理解.五日所织的织物分别为$\frac{100}{62}$寸、$\frac{200}{62}$寸、$\frac{400}{62}$寸、$\frac{800}{62}$寸、$\frac{1600}{62}$寸.

(3) 比例

"息钱":"贷钱百,息月三.今贷六十钱,月未盈十六日归,计息几何?得曰:二十五分钱二十四.术曰……"

(4) 几何计算

"圆亭":"圆亭上周三丈,下周四丈,高二丈,积二千五十五尺卅六分尺廿.术曰:下周乘上周,周自乘,皆并,以高乘之,卅六成一.今二千五十五尺分尺廿."

(5) 杂题

"方田":"田一亩方几何步?曰:方十五步三十一分步十五.术曰:方十五步,不足十五步;方十六步,有余十六步.曰:并盈不足为法,不足子乘盈母,盈子乘不足母,并以为实.复之,如启广之术."

[这个题很特殊,应该多说几句:题意要求面积为一亩的正方形田地的边长.当正方形边长为15步时,其面积比一亩(240平方步)少15平方步;当正方形边长为16步时,其面积比一亩多16平方步,因此,由"盈不足术"可得:

不足母:边长15步

不足子:少15平方步

盈　母:边长16步

盈　子:多16平方步

则

$$\text{正方形的边长} = \frac{15 \times 16 + 16 \times 15}{16 + 15} = 15\frac{15}{31}(\text{步})$$

面积为240平方步的正方形,其边长应是$\sqrt{240}$步,依"盈不足术"

所求得之 $15\frac{15}{31}$ 步,则是 $\sqrt{240}$ 步的近似值.

至于"方田"简文的倒数第二句,"复之",意指将所求得的边长 $15\frac{15}{31}$ 步自乘,求其面积.

而简文的最后一句"如启广之术",则似有出入:《算数书》中有标题"启广",指的是已知矩形田的面积和纵,求其广(原意:南北为纵,东西为广),此题是正方形,广纵相等,知其纵就知其广了,不能用"启广"那样的方法来解决.]

3. 从数学思想角度看《算数书》

《算数书》是一部相当典型的数学实用性著作,而且是现在所知中国最早的数学著作,体现着先秦以来的数学实用思想.

《算数书》的许多内容在中国数学史上都有"第一"的地位,例如,"盈不足术"的使用、分数运算、级数计算、比例问题等.但是也明显地看出来此书不是一个形成体系的数学著作,而是一本"撮编之书",且是采用了一种不成体系、没有规律的编法.

除了数学知识、数学方法(算法)的内容,许多标题都是社会经济或社会活动内容,像"息钱""米钱""粟求米""贾盐""税田"等,虽然比较散乱,但是也很明确,所以《算数书》是一种实用的数学书.《算数书》的读者对象是什么人呢?实用内容的标题较多是"管理"问题,涉及税收、商业以及手工制作等,这些应该是基层官员管理的事情,所以可以把《算数书》看成当时为基层官员准备的"管理数学手册".可能由于"用到什么就选什么",甚至"看到什么就选什么"的影响,而且可能由于水平的限制,没有构成系统.《算数书》一方面收集了一些数学方法、计算方法,另一方面是具体的社会生活对数学的要求(如税收比例)和数学方法的运用,当然也有一些是看到后觉得有趣临时收入的,像"狐出关"这样的问题.

2.3 《周髀算经》的思路

《周髀算经》原名《周髀》,撰者不详,是中国最古老的天文学著作之一，主要是用数学方法阐明中国古代的“盖天说”和“四分历”.数学成果有分数运算、一次内插法、开平方和勾股定理等，所以从唐代起就把它列入数学经典著作中.

《周髀算经》中的“髀”指测量用的表——标尺，“周”指“周代”或者“周天”.《周髀算经》成书的年代没有公认的看法，一般认为成书于公元前1世纪，主要部分的内容可能作于公元前157年以前[标志是一个节气，“惊蛰”在《周髀算经》中称为“启蜇”，而历史上是公元前157年为了避讳汉景帝刘启(前157—前141年在位)的名字，才把“启蜇”改为“惊蛰”的].《周髀算经》是一部“传世本”，即一直在世上流传的本子，传本有赵君卿(爽)的注.其数学思想构成了不同于《算数书》的另一类特点.

1.《周髀算经》的数学成果

《周髀算经》的数学成果主要是勾股定理、测量术、一次内插法、开平方和分数计算.

勾股定理最早的特例见于《周髀算经》:“昔者周公问于商高曰，窃闻乎大夫善数也.请问古者包牺立周天历度，夫天不可阶而升，地不可得尺寸而度，请问数安从出?商高曰，数之法，出于圆方.圆出于方，方出于矩，矩出于九九八十一.故折矩，以为勾广三、股修四、径隅五.……故禹之所以治天下者，此数之所生也.”[释义:周公(约公元前1100年)向商高老先生请教:古代的包牺氏做天文测量制定历法，天没有台阶可以上去，地又不能用尺寸来量度，请问数是怎么得到的呢?商高说，数是根据圆和方的道理得来的.圆从方得出来，方则是从矩得到的.矩是根据乘除方法计算出来的.用矩就能得出3、4、5是直角三角形三边的结论.……这就是大禹治水中得到的方法，数就是从这里来的.]

大禹治水过程中少不了计算、测量，数学在计算测量中产生，又用于测量计算的实际.

如图2-1所示，《周髀算经》指出了矩的使用方法.“周公曰:大哉言数!请问用矩之道.商高曰:平矩以正绳，偃矩以望高，覆矩以测深，卧矩以知远，合矩以为方．”平矩到卧矩是指用矩进行测量的操作．“环矩以为圆”则具有抽象的数学性质：以一个直角三角形的斜边中点为圆心，使三角形在平面上旋转，直角顶点就画出一个圆．

周公曰大哉言數……請問用矩之
道……商高曰平矩以正繩……
偃矩以望高覆矩以測深臥
矩以知遠……環矩以爲圓合矩
以爲方……方屬地圓
屬天天圓地方……

图 2-1　《周髀算经》前引文书影

一般的勾股定理也是在《周髀算经》中最先提出来的，有关的人士是陈子和荣方(据说都是周公的后人，生活于公元前六七世纪)．当时二人在探讨测量太阳的高度和距离的问题．陈子的测量方法是用测量标尺“髀”在不同的位置上同时测量两次，由两次测量得到的日影长度的不同就可以算出太阳的高度，如图 2-2 所示．

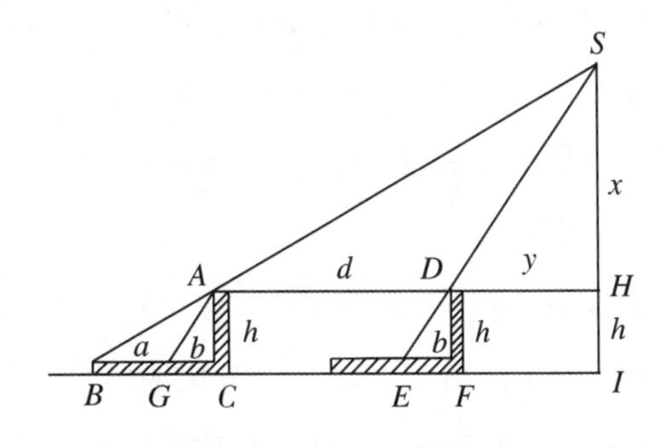

图 2-2　陈子测日图

这里的关键是两个测量点的距离要足够远，因而只有 8 尺长的“髀”在两地的日影才能有可以觉察到的长度差别；还要完全把握在相距很远的两地的测量的同时性，只有这样测量才有意义．陈子很好地解决了这两个问题：选择相距 2000 里的两个地方，而且是正南正北方向上的；选择夏至日的正午——甚至不用时钟，只要看着标尺日影最短时记下影长就行了．于是在“测日图”中，我们已经知道了 a、b、h、

d,要求 x(日高)、y(日下距). 由三角形的相似,立即可以得到 $x : h = d : a$, $y : b = d : a$,于是有

$$x = \frac{dh}{a}, \quad y = \frac{db}{a}$$

因为 h 与 x 比较可以忽略不计,x 就是日地距离,x 与 h 显然是固定的,所以 d 与 a 成正比,$d = 2000$ 里,按测量两地日影长之差,$a = 2$ 寸,所以《周髀算经》中说日影之差"寸千里". 陈子是这样算 y 的:等到影长是 6 尺的时候,因为 h 长 8 尺,所以三角形 DEF 三边成 $3:4:5$ 的关系,三角形 SDH 也如此,于是 $y = \frac{db}{a} = \frac{2000 \times 60}{2} = 60000$ 里,直接可得出 $x = 80000$ 里,从测量地 F(就是 D)到日的距离为 100000 里. 不仅如此,陈子还说有另一算法:

若求邪至日者,以日下(y)为勾,日高(x)为股,勾股各自乘,并而开方除之,得邪至日.

这就表述出一般的勾股定理并且运用了勾股定理.

2.《周髀算经》中的天文学

《周髀算经》实际上是一部天文学著作,中心是阐述中国古代的一种宇宙构成理论 —— 盖天说. 而又把它列为数学著作的原因是其中的盖天说是用一个数学模型表述出来的,它的数学成果就是数学模型的组成部分和组成原则.

盖天说的基本要点是"天员如张盖,地方如棋局"(《晋书 · 天文志》),《周髀算经》的说法则是"天象盖笠,地法覆盘". 按钱宝琮先生的意见,《周髀算经》的盖天说有这样一些数学特征:《周髀算经》中所用的主要测量工具为髀;地是一个平面,天也是一个平面;用"七衡六间"图说明一年中太阳每日绕天极运行的情况,以周都为中心,按"七衡六间"图的比例画一个半径为 167000 里的圆,可以解释一年中周都所见太阳出入方向的变化;用"七衡六间"图算出二至二分四个节气的去极度(所算得的数据非常准确).

《周髀算经》力图用数学工具来说明种种天文现象,尤其重要的是,作者不但试图用数学工具来说明个别事实,还竭力把它们联结成

一个系统来考虑.因而,它的盖天说是一个数学化的宇宙模型.书中没有探讨中国古代多数天文著作必然探讨的占星术内容,而是运用较大的篇幅探讨盖天说的宇宙模型,这样做的目的则在于解释自然、探索自然.这在中国古代是很少见的.关于这一点,有人指出:"《周髀算经》构建了古中国唯一一个几何宇宙模型.这个盖天宇宙几何模型有明确的结构,有具体的、能够自洽的数理.作者使用了公理方法,它引入了一些公理(如天地为平行平面,日照四旁,十六万七千里等),并能在此基础上从几何模型出发进行有效的演绎推理,去描述各种天象".

3.数学思想的特点

从前面引的《周髀算经》开头的话来看,其作者已经认识到数学来源于人们的生活实践,具体的是勾股定理以及书中所涉及的测量术都产生于大禹治水的实践活动.而且从《周髀算经》的内容来看,其作者又认识到产生于实践中的数学又是进行各种活动所需要的知识,例如书中运用了勾股定理、测量术和分数运算来解决日高问题、二至二分四个节气的去极度问题等,整个《周髀算经》都是数学的应用产物.所以,《周髀算经》也具有中国古代的数学实用思想.

《周髀算经》的数学运用思路是非常独特的:建立整个宇宙(或者日-地系统)的数学模型,然后用数学模型推导(计算)各种天象.这又使得《周髀算经》具有一个理论化、公理化的思路.相应地,它提供的还是一种几何学模型.这样《周髀算经》也就具有一定的或初步的数学理论化、公理化的思想,这在中国古代数学中是非常独特的.这一点可以看作对《墨经》逻辑论证思想的一种"皈依".这在中国古代数学中是很难得的.

2.4　算筹和筹算

如前所述,实用思想是中国古代最基本、最重要的数学思想,而所谓实用,主要就是计算,甚至《周髀算经》中进行理论模型的探讨也需要计算,这就是算法化思想的来源——要计算就要有算法,进行的是算法研究.算法则要求用计算工具来实现.所谓算法正是利用特定的计算工具的方法，因此，在数学实用思想的引导下，计算工具成为必要的数学依据. 为既定的计算工具编制算法也是数学实用思想的源泉之一. 中国古代所使用的计算工具是算筹，利用算筹作计算工具的数学就叫作筹算.

1. 算筹

算筹，又称为筹、策等，有时也称为算子. 算筹是由竹、木、石、金属等各种材料制成的质地各异的小棒，不同批次的尺寸可以不同，但同一批次的长短粗细基本一致. 不用时放在特制的算袋或算子筒里，使用时摆在特制的算板、毡或桌面上. 使用算筹的计算过程叫作“运筹”. 算筹的尺寸理论上为“径一分，长六寸”(《汉书・律历志》)，但出土的文物有较大的变化范围.

公元前 5 世纪，算筹在中国已经得到广泛使用. 文献记载很多，例如《逸周书》《老子》《汉书》等就有涉及. 出土的算筹已经有许多批次，最早的当属 1954 年湖南长沙左家公山出土的战国晚期的算筹. 已经出土的算筹有各种质地 —— 金属(图 2-3)、骨、象牙、竹、木，甚至还有琉璃的.

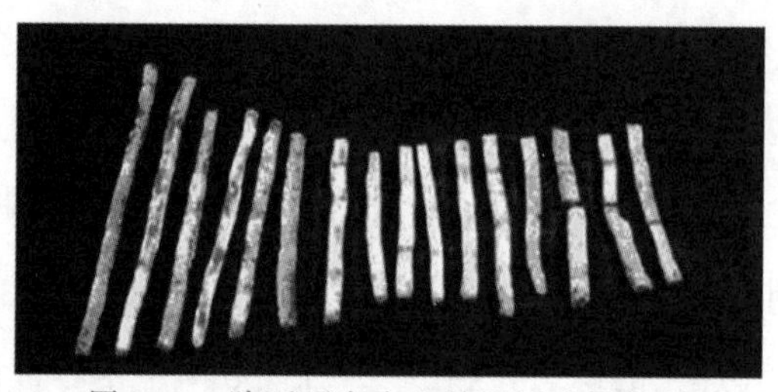

图 2-3　陕西西安出土的西汉金属算筹

2. 筹算数字和筹式

筹算的核心是十进位值制记数法和分离系数法.

(1) 十进位值制记数法

十进位值制记数法是中国古人的一个伟大的创造，现在通用的印度 - 阿拉伯数字就是十进位值制数字. 前面已指出，中国甲骨文中的数制虽然已经是十进位的，但是因为用了十、百、千、万等数位文字，所以不是位值制的. 中国的筹算数字才真正是十进位值制记数法.

位值制是进到高一级单位时不用变换数字符号，而是以数所在的不同的位置表示用该数表示的是不同的单位的个数，如 222，其中第一个 2 在“百位”上，表示 200；第二个 2 在“十位”上，表示 20；最后一个 2 在“个位”上，表示 2. 我们现在用的印度-阿拉伯数字，就是十进位值制的数字，它是以 10 为进位的基的，因此，任何一个数 α 都可以表示为

$$\alpha = a_n \cdot 10^n + a_{n-1} \cdot 10^{n-1} + \cdots + a_2 \cdot 10^2 + a_1 \cdot 10 + a_0$$

的形式，其中 $0 \leqslant a_i < 10 (i = 1, 2, \cdots, n)$.

书写时省去 10 的幂和加号，就是位值制记数法，数所在的位置称为数位，由右向左依次为个位、十位、百位、千位、万位等. 位值制的一个要点是必须有零号，以表示某一位上没有数字（空位），如 302、320、3200 等.

利用算筹进行计算，就要用算筹“摆”成数字并利用算筹的摆布操作完成计算. 一般是在专门的算毡上摆布，因为毡子摩擦力大，摆好的算筹不易自行滑动.

用算筹摆成数字要有一定的规矩. 筹算数字是一种十进位值制数字. 筹算数字如图 2-4 所示.

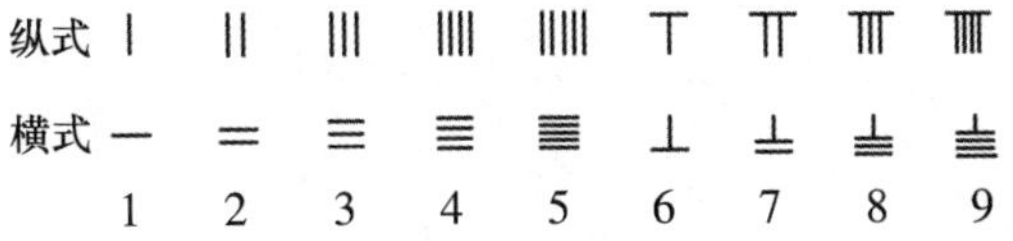

纵式	𝍠	𝍡	𝍢	𝍣	𝍤	𝍥	𝍦	𝍧	𝍨
横式	𝍩	𝍪	𝍫	𝍬	𝍭	𝍮	𝍯	𝍰	𝍱
	1	2	3	4	5	6	7	8	9

图 2-4　筹算数字

据研究，秦汉简牍等出土的文物中就已经有了关于算筹记法、用法的零星记载.《算数书》中的算法（“术曰”“法曰”后面的语句）所指出的就是算筹的摆法，系统的筹算数字摆法论述见于《孙子算经》：

凡算之法，先识其位. 一纵十横，百立千僵. 千、十相望，万、百相当.

[译文：凡使用算筹进行计算，要先识别每个筹表示的数的数位.（识别的方法）个位数用纵式，十位数用横式，百位数用纵式，千位数

用横式.千位数和十位数用一样的筹式,万位数和百位数用一样的筹式.]

这里首先就指出筹算数字有纵横两种.表示一个多位数时,要把各位数字由高位向低位从左向右横摆.各位数上的筹式必须纵横相间:个位、百位、万位用纵式,十位、千位、十万位用横式.例如:

𝍠𝍫𝍦 表示 137.

𝍭𝍣𝍪𝍧　　𝍢𝍪𝍤𝍱𝍠　　𝍮 𝍰𝍢𝍯𝍨𝍪𝍣

分别表示 5428、32591 和 60837924.非常有特色的是数“零”用空位表示,如上面最后一个数.这就意味着中国人在没有零的概念和零的记号的情况下就已经有效地使用了相对完善的十进位值制记数法,而且在使用一段时间之后将自然而然地得到零号和零数.

(2) 分离系数法

分离系数法是以筹算解决一系列复杂数学问题的基础.筹式是用算筹的不同位置表示不同的数学意义.例如,如图 2-5(a) 所示的筹式表示如下的方程组:

$$\begin{cases} 3x+2y+z=39 \\ 2x+3y+z=34 \\ x+2y+3z=26 \end{cases}$$

而以如图 2-5(b) 所示的筹式表示如下的一元二次方程:

$$8x^2-1800x+90000=0$$

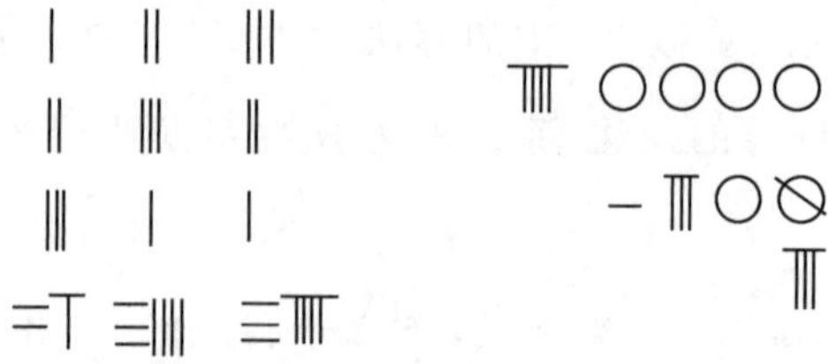

𝍠	𝍡	𝍢
𝍡	𝍢	𝍡
𝍢	𝍠	𝍠
𝍪𝍥	𝍫𝍣	𝍫𝍨

(a)

𝍨 ○○○○
　－𝍧○⊘
　　　𝍧

(b)

图 2-5　筹式

考察筹式,不难发现,不同的位置具有不同的数学意义,这一点与《周易》的卦象不同位置表示不同意义，以及汉字构型中位置具有识别意义是相通的. 其实，十进位值制就具有此意：不同的位置表示不同的数位. 这种位置赋以数学意义的方法，使中国古人在没有使用任何数学符号（包括最基本的运算符号和等号）的情况下，取得了许多重要的数学成果，例如，中国古代的筹算不仅有正、负整数与分数的四则运算和开方，而且还包含着各种特定筹式的演算. 人们不仅利用算筹不同的“位”来表示不同的“值”，从而发明了十进位值制记数法，而且还利用算筹在算毡上各种相对位置排列成特定的数学模式，用以描述某种类型的实际应用问题. 例如“列衰”“方程”诸术所列筹式描述了常见的比例问题和线性方程组问题；天元、四元及开方诸式刻画了高次方程问题. 筹式以不同的位置关系表示特定的数. 在这些筹式所规定的不同“位”上，可以布列任意的数码（它们随着实际问题的不同而取不同的数值），因而筹式本身就具有代数符号的性质. 后世专门研究数的排布组合问题的“纵横图”也是在这种思想指导下产生的，因此筹算还是组合数学的源泉之一.

中国古代的筹算表现为算法的形式，从而具有模式化、程序化的特征，这就使得中国古代数学内容算法化. 筹算是适合算法化的要求的，当然也可以说数学内容的算法化是筹算的结果.

3. 运筹方法

怎样用算筹来做计算呢？这是筹算制度的最基本的问题之一，在《九章算术》等数学著作（包括前面说的《算数书》）中，虽然许多著名的术都明确指出了运筹的方法（其实术本身就是运筹方法），但是却没有指出基础的运筹方法 —— 例如加减乘除四则运算的运筹方法.《孙子算经》中用文字给出了四则运算的运筹方法. 不过当我们按《孙子算经》来解说时，就会发现，没有实际上的运筹操作，说起来很难让人“明白”，所以运筹知识和技能极大可能是由教师口头传授并实际运筹教练的.

（1）减法的运筹方式

《孙子算经》“鸡兔同笼”题中涉及 47－35 和 35－12 两个连减法，

运算如下：

上置 35(减数),下置 47(被减数)：

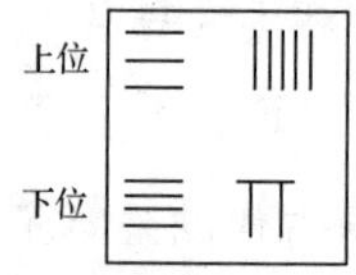

从大数中减去小数,“上 3 除下 4,上 5 除下 7”：

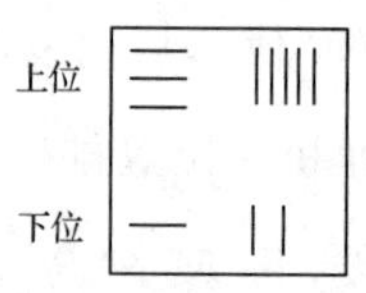

下位的 12 为 47 — 35 的差. 再接着把下位作减数,上位作被减数,做减法:“下有 1 除上 3,下有 2 除上 5”,得到的上位 23 就是 35 — 12 的结果.

上位
下位

(2) 加法的运筹方式

加法为减法的逆运算,可以参考减法运筹方式进行. 注意两数相加部分上下对齐,从左(高位) 向右(低位) 进行,这样方便进位.

(3) 乘法的运筹方式

用简单的数学工具(算筹、算盘、笔算等) 进行乘法运算,个位数相乘的乘法表是基础. 在中国,乘法表被称为“九九表”,因为古代这种表是从“九九八十一” 起始到“二二如四” 结束的,开头两字是“九九”,所以得名. 中国很早就有了“九九表”,公元前 7 世纪熟记“九九表” 已是很普通的技能了.《孙子算经》所讲的筹算乘法、除法都是以“九九表” 为基础的,其实,后面我们会看到,几乎所有的运筹计算都离不开“九九表”. 甚至直到现在也离不开“九九表”,“九九表” 已经成为我们的一项基本的生活技能.

关于乘法,《孙子算经》指出了运筹方法,我们用一个具体运筹的例子来解释(表 2-1).

表 2-1　以 37×58 为例来说明乘法的运筹方式

算筹摆法	说明
被乘数　𝍫𝍦 积 乘数　𝍭𝍧	被乘数、积和乘数用算筹排成三行，被乘数在上，积在中间. 开始计算时只有被乘数和乘数，它们分置上下，中间留出空来. 还要注意数位. 乘数的个位数与被乘数的最高位数对齐
𝍫𝍦 𝍩𝍤 𝍭𝍧	乘数的最高位数乘被乘数的最高位数，得出的积(15) 写在中间. 积的“个位”(5) 放在乘数最高位(5) 上，数的筹式(纵横) 采用被乘数最高位数的上位的用法
𝍦 𝍩𝍦𝍬 𝍭𝍧	乘数的第二位数(这里是个位数) 乘被乘数的最高位数，得出的积(24) 加在上一步得出的积上(= 174). 积的个位数放在乘数的第二位上. 乘数的各位数全乘完后，去掉被乘数的最高位数，乘数向右移一位
𝍦 𝍪　𝍱 𝍭𝍧	乘数的最高位数乘被乘数的第二位数(这里是个位数)，积(35) 加到上一步的积上(= 209)，个位对齐乘数的最高位
𝍪𝍠𝍬𝍥	乘数的第二位乘被乘数的第二位数，积(56) 加到上一步的积上，个位对齐乘数的第二位. 去掉被乘数的第二位数，乘数再向右移一位(这里已经结束了). 然后去掉乘数，得出结果(2146)

(4) 除法的运筹方式

关于除法，《孙子算经》中也有运筹计算的方法. 我们也以一个实际的除法为例说明这个方法(表 2-2).

表 2-2　以 4318/17 为例来说明除法的运算方式

运筹图示	说明
商　𝍡 被除数　𝍫𝍢𝍩𝍧 除数　𝍩𝍦	做除法运算式时算筹也摆为三行. 最上一行是商,中间一行是被除数(称为“实”),下边一行是除数(称为“法”). 开始时除数摆在被除数够除除数的第一位数之下. 本题 4 不够 17 除,而 43 够 17 除,所以 17 置于 43 之下. 除得 2,放在 17 的个位数之上,数形(纵横式)同其同位被除数的
商　𝍡 被除数　𝍨𝍩𝍧 除数　𝍩𝍦	从 4318 中减去 2×1700,得数为新的被除数,同时除数向右移一位. 新被除数是 918
商　𝍡𝍭 实　𝍨𝍩𝍧 法　𝍩𝍦	用 91 除以 17,得商 5,记在 17 的个位数之上
商　𝍡𝍭 实　𝍮𝍧 法　𝍩𝍦	从 918 中减去 5×170,得数 68 为新的被除数,除数再向右移一位
商　𝍡𝍭𝍣 实　𝍮𝍧 法　𝍩𝍦	68 除以 17 得 4,记在 17 的个位数位之上. 此时正好除尽,得商 254. 去掉下两行算筹即完成了除法.
商　𝍡𝍭𝍣 实　𝍩 法　𝍩𝍦	如果除不尽,例如算 4328/17,运筹完全如上,得到如左图的结果,表示一个带分数 $254\frac{10}{17}$ 所以也给出了一种分数“符号”

算筹和筹算当然是数学实用思想的产物——为了能够有效地应用数学于其他各个领域,就要尽快地算出结果,计算工具的要求自然而然就出现了. 算筹较好地完成了加快计算的要求,因此得到广泛的应用,这又反过来影响到数学自身——使数学发展成为适应于算筹这种工具的数学. 中国古代数学实际上是一种算筹化了的数学,是一

种具有深刻的算法化思想的数学.这样的数学关心的是能引起、运用、发展算法的问题.这样,数学问题和解决问题发展起来的数学工具就交互为用,不断地通过反馈得到互相加强.中国古代数学实用思想逐渐成为数学思想的主流.

把筹算数字写下来,就成为算筹记数法,当然这是在最好的文字载体——纸——的发明之后的事情了.文献最早见于敦煌发现的唐代《立成算经》,宋元数学著作更是普遍采用.但是运筹是一个过程,是不断把算筹取下添上的动作,特别是在别出心裁的各种各样的筹式上进行运筹,必须有高度的实际技巧.把筹式记在纸上记的只是一定的结果,运筹过程,特别是运筹时具体的取下添上的动作是无法记载的,这种动作却是筹算的一个关键.正像前面分析的那样,筹算中的运筹动作和运筹技巧应该是在数学教育中由教师教授的,而不是通过文献学习能很好地解决的,这就决定了中国古代对数学教育的充分重视——为此有的朝代甚至设立了专门的数学专科学校.这也是中国古代重要的数学思想之一——数学教育思想.

三　数学思想的系统化表述
——《九章算术》

中国古代数学思想的进一步发展就是成熟和定型,而成熟和定型的标志就是数学思想被系统化地表述出来.数学思想的系统化表述就是数学知识体系的建立,在中国古代数学中,这是以《九章算术》为标志的.《九章算术》表现出了数学实用思想、算法化思想和模型化思想,我们分别来探讨并且将其与《几何原本》进行比较.

3.1　关于数学思想的系统化表述

随着数学思想的积累和发展,数学知识越来越多.但数学知识的获得一般具有偶然性,知识的偶然性和散在性对数学的进一步发展产生了不利的影响,因而,存在着系统化的必要性.从数学思想发展的角度看,也需要对数学思想进行系统化的表述.而随着数学知识的增多、数学思想的发展,也产生了数学知识系统化的可能,从根本上看,数学知识正是由于数学思想的深入发展而系统化的.

1.系统化的必要性

早期的数学知识,是人们在许多不同的场合偶然地发展出来的,是一些散在的零碎的知识,零散状态的数学知识不利于数学知识的积累,也不利于数学知识的创新,更重要的是不利于数学知识的传播交流,特别是向下一代的传授.

在数学知识的积累方面,人们已经得到的数学知识应在以后遇到类似问题时应用,但没有体系的零散知识往往做不到这一点.它们往往每次都要“从头开始”所有的过程.

例 1　古埃及数学中的乘法方式(表 3-1).

以 25 × 18 为例,下面用现代符号和术语表示.

表 3-1　古埃及数学中的乘法方式

1	25	被乘数
* 2	50	
4	100	
8	200	
* 16	400	
乘数 18	450	积

先记下"1　25"(1 × 25 = 25) 作为第 1 行,再记下"2　50"(表示 2 × 25 = 50),以下同样逐次加倍,加到 16 即可,因为再加倍就超过乘数 18 了. 从左边那列数(1,2,4,…) 中选出若干个,使其和凑成 18,本例为 2 与 16,各打上 * 号,再将右列中与 * 号对应的数相加,即得 25 × (2 + 16) = 50 + 400 = 450.

这里的乘法就是典型的"从头开始"方式,每次只能做"加倍"即"乘 2"的计算,没有积累出一般的"乘"法的计算法,认真分析就会发现,所谓"乘 2"不过是把原数再加一次. 在现存古埃及文献中,一直没有发展(积累) 出一般乘法.

2. 系统化的方式

数学知识系统化的方式主要有两种. 一是理论方式,二是实用方式.

(1) 理论方式

即把各种数学知识构成一个理论体系. 所谓理论体系,就是一个逻辑体系,即以演绎推理构成的概念、命题体系. 它对知识有抽象化的要求 —— 知识达到一定程度才能进行逻辑加工,构成逻辑体系. 同时还要求逻辑学有一定的发展,有逻辑理论、逻辑体系为数学理论体系提供根本的"模式"和前提. 数学知识的具体的抽象化则是一种思维探讨的结果,要求人们进行认真而长期的纯理论研究,这是一种人的高度集中的创造性思维活动. 因此,理论体系的建立还要求人类的理性思维即抽象能力达到相当的高度,也只有长期认真地研究才能达到这一点. 因而,建立数学理论体系要求从事研究的"数学家"要从社会生活中独立出来,以便能够从事自由的独立的纯理论研究. 理论体系的构建绝不可能一蹴而就，必然要经过相当长的时间，经过多少代人的努力，因而为了建立数学理论体系还要求数学教育充分发展，达到能够传承和发展已有的数学知识的程度. 数学的体系化与专门的数学教育是分不开的.

(2) 实用方式

即把各种数学知识，按实用的方向加以分门别类并重新综合探讨，把数学知识构成一个实用体系. 所谓实用体系，就是一个能够满足某种特定的社会需要的体系. 建立数学实用体系的一个前提是社会生活充分复杂化，可以区分为许多不同的领域，而且这些领域中的活动也充分复杂化，必须利用数学才能顺利完成. 当然，建立实用体系还需要研究数学的人同时也从事社会生活的某一领域的工作，或者反过来，应该说社会生活各领域的工作人员应该了解一定的数学应用的知识. 要建立数学实用体系，还有一个虽然是隐含的但却是非常重要的条件，就是能把数学概念(特别是数) 和其他事物无条件地联系起来的思想和能力. 这是一个非常自然的前提.

3.2 数学的实用性系统化 ——《九章算术》概要

《九章算术》是中国古代最著名的传世数学著作，是中国古代最重要的数学典籍. 从成书直到明末西方数学传入之前，它一直是学习数学者的首选教材，历史上多次作为朝廷颁定的首选数学教科书使用.《九章算术》对中国古代数学和数学教育的发展起了巨大的作用，是中国古代数学从汉代直到元代前期一直处于世界数学的前列的基础(图 3-1).

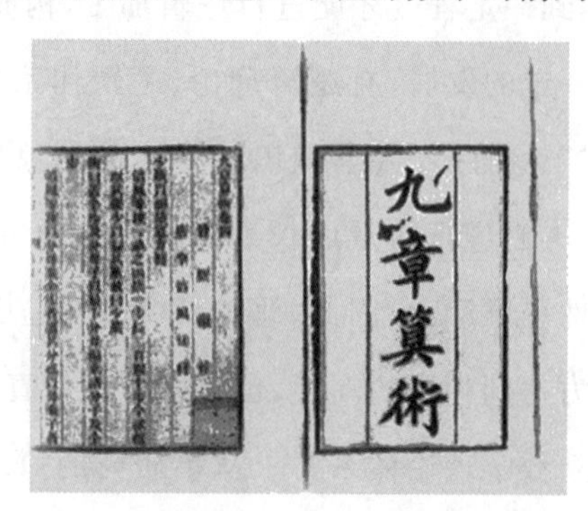

图 3-1 《九章算术》书影(清代武英殿聚珍版)

1.《九章算术》概貌

《九章算术》，全书包括九个组成部分，就是九章，名称分别为方田、粟米、衰分、少广、商功、均输、盈不足、方程、勾股(表 3-2).

表 3-2　《九章算术》中九章的内容表

章名	用途	基本内容	所属领域
方田	以御田畴界域	分数四则运算、求最大公约数和各种面积计算的算法	生产
粟米	以御交质变易	各种涉及比例的算法及相关的问题	流通、消费
衰分	以御贵贱禀税	比例分配的算法和一些涉及算术计算的问题	管理、分配
少广	以御积幂方圆	面积体积逆运算的算法，特别是开平方、开立方的算法	生产
商功	以御功程积实	各种立体的体积算法和工程土方相关的算法	生产
均输	以御远近劳费	政府机构均衡负担征收赋税的算法	管理
盈不足	以御隐杂互见	提供关于“盈不足”(双设法)的算法作为数学模型，用来解决各种问题	各领域
方程	以御错糅正负	提供关于“方程”(线性方程组)的算法作为数学模型，用来解决各种问题	各领域
勾股	以御高深广远	提供关于“勾股”(直角三角形)的算法作为数学模型，用来解决各种问题	各领域

前面六章分别是数学在社会生活的不同领域中的应用，后面三章提供了可用于各个领域的三种常用的数学模型，每章通过具体问题表述这种应用.

表 3-2 中“用途”栏是引用刘徽注文中的话.

《九章算术》本身就是一个应用数学的体系，表 3-2 中指出其“九章”分别由社会各领域中的应用和常用数学模型构成.

《九章算术》这种应用数学的思想在古代文献中有所记载. 现存上海博物馆的一个铜斛的口沿、底沿刻相同的 89 字铭文：“大司农以戊寅诏书，秋分之日，同度量、均衡石、擶斗桶、正权概，特更为诸州作铜斗斛、称尺，依黄钟律历、《九章算术》，以均长短、轻重、大小，用其七政，令海内都同，光和二年闰月廿三日，大司农曹祾、丞淳于宫、右仓曹掾朱音、史韩鸿造.”光和是汉灵帝年号，二年是公元 179 年. 东汉的大司农是九卿之一，掌管租税钱谷盐铁之事，度量衡器关系到赋税征收.

因此,度量衡的标准器由大司农监造颁发.这个铜斛就称为“大司农斛”,就是一个大司农颁发的标准量器.按铭文,标准量器是按《九章算术》制造的,就是通过数学方法计算、设计、下料加工的,《九章算术》的确是一种应用数学.

2.《九章算术》的数学成就

《九章算术》的数学成就见表 3-3.

表 3-3 《九章算术》的数学成就

领域	成就	所在章
分数理论	分数的通分、约分、分数四则运算算法;分数的开平方、开立方算法(开方术)	少广 方田
比例	完整的比例算法(今有术);比例分配算法(衰分术、反衰术)	粟米 衰分
分配	用加权分配比例算法解平均负担问题(均输术); 复比例算法(重今有术)	均输
盈不足问题	五种类型的盈不足问题;用双设法把一般算术问题化为盈不足问题求解	盈不足
面积理论	矩形、三角形、梯形等直线形的面积算法;圆面积算法;圆环、弓形、近球冠的一种曲面形的面积算法(后二者为近似);面积问题的反问题(少广术、开方术等)	方田 少广
体积理论	给出 14 种立体体积的算法,除了因取$\pi=3$带来的不准确外,算法基本正确;体积问题的逆问题(开立方术,开立圆术)	商功 少广
勾股问题	完整的勾股定理,三类求勾股问题的一般解法;勾股数组的一般表示(勾股术);勾股容方、容圆问题的解法;简单的勾股测量问题	勾股
开方问题	开方术,开圆术,开立方术,开立圆术,开带从平方——求二次方程正根	少广 勾股
线性方程组	完整的线性方程组求解算法(方程术)	方程
正负数	引入负数;正负数加减算法(正负术); 实施了正负数乘除法	方程

3.《九章算术》具有教科书性质

注意到“循序渐进”. 表现为全书是由简而繁，由浅入深而编订的. 从整体来看，先介绍平面（“方田”章），后介绍立体（“商功”章）；先介绍单比例（“粟米”章），再介绍分配比例（“衰分”章），后介绍加权分配比例（“均输”章）；先介绍双设法（“盈不足”章），后介绍消去法（“方程”章）. 从一章来看，“方田”章先介绍矩形，再介绍稍复杂的直线形，后介绍曲线图形；“少广”章先介绍开平方，再介绍开立方. 具体问题涉及的数据一般是先整数后分数等. 而循序渐进是现代对教科书的重要要求之一.

注意到社会有效性. 表现为全书反映社会需要的实际要求. 例如关于贸易、建筑、税收、管理（均输、分配）等问题均符合秦汉的实际，解决了当时现实存在的数学计算问题.

语言规范、概念清楚.《九章算术》开创了中国古代数学的基本数学术语和概念，其中许多概念在中国古代数学中一直得到应用，有些概念甚至一直用到现代，如分子、分母、通分、约分、率、开平方、开立方、开方不尽、勾股等.

充分注意可读性. 选择多方面的题材，表述引人入胜. 只要看一下各种问题的名目就已经引人入胜了. 例如，三畜食苗、女子善织、五家共井、五雀六燕、有竹九节、竹折抵地、两鼠对穿、蒲莞共生、葭生池中、今有客马等，均具有巨大的吸引力，使学习者乐于学习.

《九章算术》为后世的数学教科书编撰提供了经验和方法，在中国古代影响极大，对现代的数学教科书编撰也有可借鉴之处.

3.3　实用思想 —— 开放的归纳体系

1.《九章算术》的微观结构

《九章算术》的微观结构是指其数学理论的结构. 每章包括若干个数学理论. 数学理论的结构主要表现为书中的“原文”.

先看《九章算术》中数学理论的一种表述形式：先给出“术”（算法），然后再举出用例的形式. 其中心的内容是算法. 下面用例子说明.

例 2 “衰分”章的一个理论 —— 比例分配.

衰分术曰：各置列衰；副并为法，以所分乘未并者各自为实. 实如法而一. 不满法者，以法命之.

（译文：衰分算法：分别放置列衰的数；在旁边将列衰相加作为除数. 以所分的数量乘未相加的列衰，分别作为被除数. 除数除被除数，不够除数的，用除数作分母得出一个分数.）

今有大夫、不更、簪裹、上造、公士，凡五人，共猎得五鹿. 欲以爵次分之，问各得几何？

答曰：大夫得一鹿三分鹿之二；不更得一鹿三分鹿之一；簪裹得一鹿；上造得三分鹿之二；公士得三分鹿之一.

术曰：列置爵数，各自为衰；副并为法；以五鹿未并者各自为实. 实如法得一鹿.

（译文：设有大夫、不更、簪裹、上造、公士总共五人，同猎鹿五只，要按爵位高低差等分配. 问各得鹿多少？

答：大夫得鹿一又三分之二只；不更得鹿一又三分之一只；簪裹得鹿一只；上造得鹿三分之二只，公士得鹿三分之一只.

算法：依次列出爵位，各自作为分配比率，把它们的和作为除数，以鹿数五乘原来的比率各自为被除数. 以除数去除被除数便得鹿数.）

今有牛、马、羊食人苗. 苗主责之粟五斗. 羊主曰：“我羊食半马.” 马主曰：“我马食半牛.” 今欲衰偿之，问各出几何？

答曰：……

术曰：……

（译文：设有牛、马、羊一只，啃了人家的庄稼. 庄稼的主人索要 5 斗粟作为赔偿. 羊的主人说：“我的羊啃的是马的一半.” 马的主人说：“我的马啃的是牛的一半.” 现在想按照他们说的差等偿还，问各出多少？）

后面还有类似的问、答、术构成的题 5 个. 即这一个理论是由一个总的术 —— 衰分术和 7 个问题的问、答、术组成. 由前面的引文，不难看出，先给出的衰分术是关于比例分配的一个总的算法，后面的 7 个问题是应用这一总的算法的例子,“术曰”是总的算法应用于每一个具体的问题时的处理方法或怎样向程序中输入数据的具体的指导,“答曰”则是把算法应用于每一个题得出来的结果.由此可见在这一种理论的组成中,如我们前面说的:算法处于中心的、主要的地位,理论所要阐述的就是算法,例子只是为了说明算法的应用的,其目的在于使人们学会并掌握算法.

例 3　“方田”章的一个理论 —— 矩形面积.

今有田广十五步,从十六步.问为田几何?

答曰:一亩.

又有田广十二步,从十四步.问为田几何?

答曰:一百六十八步.

方田术曰:广从步数相乘得积步.以亩法二百四十步除之,即亩数.百亩为一顷.

(译文:假设一块田广 15 步,纵 16 步.问田的面积有多少?

答:1 亩.

假设一块田广 12 步,纵 14 步.问田的面积有多少?

答:168 步.

方田术:广、纵步数相乘就得到积步.以 1 亩为 240 步做除数除积步数,就得到亩数.100 亩为 1 顷.)

这一结构方式与前例相反,是先举出几个例子(问、答),然后再给出解决这类问题的算法.例子即所谓引例,是为引出算法而设的,例子本身也是算法的用例.在这种结构方式中,算法也是中心内容.

《九章算术》的数学理论都是以算法(“术”)表述出来的.术是微观结构中的基本内容.术不是孤立给出的,它与问题结合在一起,其结合方式即结构方式有上述两种,且只有上述两种,我们分别称之为“术 — 例题”方式和“题 — 术”方式.术是其主要内容,这种微观结构可称为“术文挈领应用问题的形式”,是中国后世数学著作的标准微观结构形式.

表 3-4 给出了《九章算术》主要理论的微观结构方式.

表 3-4 《九章算术》主要理论的微观结构方式

章次	理论	微观结构方式	备注
方田	方田术、里田术、大广田术、约分术、合分术、减分术、课分术、平分术、经分术、乘分术(圭田、邪田、箕田、圆田、宛田、弧田、环田)等21术	“题—术”方式	求面积
粟米	今有术 经率术 其率术 反其率术 等33术	“术—例题”方式 “题—术”方式 “题—术”方式 “题—术”方式	比例算法 除法、分数除法求物单价 (带余除法) 求物数 等46题
衰分	衰分术 返衰术 等22术	“术—例题”方式 “术—例题”方式	按一定比率进行分配 按所给比率的倒数分配 等20题
少广	少广术 开方术 开圆术 开立方术 开立圆术 等16术	“术—例题”方式 “题—术”方式 “题—术”方式 “题—术“方式 “题—术”方式	知矩形面积求边长 开平方算法 已知圆面积求直径 开立方算法 已知球体积求直径 等24题
商功	城、垣、堤、沟、堑、渠术 方堢壔、圆堢壔、方亭、圆亭、方锥、圆锥、堑堵、阳马、鳖臑、羡除、刍甍术 刍童、曲池、盘池、冥谷术 委粟术 等24术	“题—术”方式 “题—术”方式 “术—例题”方式 “题—术”方式	底为等腰梯形的直棱柱体积 各种体积算法 堆积算法 等28题
均输	均输术 重今有术 等28术	“题—术” “术—例题” 相结合的方式	平均负担问题 (分配比例算法) 复比例算法 等28题
盈不足	盈不足术(五种类型) 等17术	“题—术”方式	双设法 等20题
方程	方程术 正负术 等19术	“题—术” “术—例题” 相结合的方式	线性方程组解法 正负数运算 负数引入 等18题
勾股	勾股术 等22术	“题—术” “术—例题” 相结合的方式	勾股定理 勾股数 勾股测量 等24题

2.《九章算术》的宏观结构

宏观结构指《九章算术》各章之间的关系(表 3-5). 九章之间主要不是逻辑上的推导关系,即不是逻辑前提和逻辑后承的关系.《九章算术》给出了不同于逻辑体系的另一种宏观结构方式 —— 实用体系方式,即以应用领域的关系作为与该领域相关的数学理论之间的关系. 这种应用领域实际上是社会生活及社会生产的管理领域,它们也是朝廷相应部门的职责领域,因而《九章算术》各章的用途反映在早期典籍的官员职责中,也反映在汉代所设政府部门的职责上. 表 3-5 列出这三个方面的对应关系. 最后一列是该章所对应的社会生活领域.

表 3-5　《九章算术》的宏观结构

章名	用途	有关记载	典籍	机构	所属领域
方田	以御田畴界域	凡令赋,以地与民制之	《周礼·夏官司马·大司马》	治粟内史(大司农)、太史令	生产
粟米	以御交质变易	使封人虑事,以授司徒……具糇粮,度有司	《左传·宣公十一年》	斡官、铁市、平准、太仓、郡国诸仓	流通、消费
衰分	以御贵贱禀税	相地而衰征、相地而衰政,虑财用	《国语·齐语》《荀子·王制》《左传·昭公三十二年》	少府大司农	管理、分配
少广	以御积幂方圆	假民公田	—	籍田、考工室、将作工匠	生产
商功	以御功程积实	大匠之为宫室也,量小大而知材木矣,訾功史而知人数矣	《吕氏春秋·审分览·知度》	水衡都尉、太仓、将作大匠	生产
均输	以御远近劳费	均人掌均地政、均地守……均人民牛马车辇之力政	《汉初竹简》《周礼·地官》《司徒·均人》	大司农、少府、水衡都尉	管理
盈不足	以御隐杂互见	故准余疾羸不足	《管子·事语》	各机构	各领域
方程	以御错糅正负	—	—	各机构	各领域
勾股	以御高深广远	上下相命,若望参表,则邪者可知也. 以土圭之法测土深,正日景以求地中	《管子·君臣》《周礼·地官》《司徒·大司徒》	太史令、少府、将作大匠	生产、管理

其中,“用途”一列是《九章算术》原书内容或刘徽所注内容,是《九章算术》的宗旨所在;“机构”一列指其职责要应用该章理论的官府机构,当然实际应用的不限于这些机构.

《九章算术》的宏观结构与国家机构之间很相似,可以说《九章算术》的宏观结构是适应中国古代封建社会的政治、经济需要的,本质上是按政治、经济需要而构建起来的.

《九章算术》本质上构成了一个对于社会生活开放的数学体系.这一点对中国数学的发展有引领性的意义——中国古代数学此后的发展,扩大应用领域是重要的方向.从其体系结构来看,这种开放性的体系在逻辑上则是一种归纳性的体系——是一种从个别到一般的思想方法.从微观结构来看,无论“题—术”方式还是“术—例题”方式都是一种从个别到一般的方式,不是大前提到结论的推导方式;从宏观结构来看,正是从各个不同领域的数学应用中得出整个数学体系,特别是其中一些关键性的数学模型——勾股、盈不足、方程等.

3.4 算法化思想——数学内容的算法化

如前所述,《九章算术》的微观结构是一种“术文挈领应用问题的形式”,“术”(算法)是基本的内容.其数学理论都是以算法的形式表述出来的,具有十分明显的算法化倾向.

1.算法例说

《九章算术》中的“术”就是算法,这里做一点说明.以“方田”章的“约分术”为例,原文为:

又有九十一分之四十九.问约之得几何.答曰:十三分之七.

约分术曰:可半者半之,不可半者,副置分母子之数,以少减多,更相减损,求其等也.以等数约之.

(译文:有一个数$\frac{49}{91}$,问约分得多少.答:得$\frac{7}{13}$.

约分术:能取得分子、分母的一半的,就先取它们的一半作分子和分母,不能都取得一半的,就把表示分子和分母的算筹分开放置,然后用大数减去小数，辗转相减，直到两边的数相等，就用这个相等的数分别约分子和分母.）

这是一个求两数最大公约数的方法，可用于求任意两数的最大公约数. 按这一“术”针对例题所做的计算如图 3-2 所示.

91	49
$(91-49)=42$	$7=(49-42)$
$(42-7)=35$	
$(35-7)=28$	
$(28-7)=21$	
$(21-7)=14$	
$(14-7)=7$	$7=7$

图 3-2

最后得出的两边相等的数（等数）即最大公约数. 这个“术”用现代算法观念来考察，可见：

（1）它是一个严格“一义”的规定，不可能有歧义的理解；

（2）在执行这个“术”时，每一时刻都知道下一时刻（或每一步都知道下一步）怎么办；

（3）能解决求两个数（任意正整数）的最大公约数这一类问题；

（4）由于任意给定的数都是有限的，辗转相减，一定能在有限步内减到“最后”一步（如两数互素，最后减到两边都得 1），即能在有限步内得出结果.

这是一个可计算的算法. 按照它规定的步骤，任何人都能求出解来. 对于现代计算工具 —— 电子计算机来说，如果我们把约分术译成算法语言，也是可执行的算法，例如，约分术可译为下述 BASIC 语言程序：

```
10 INPUT A,B
20 WHILE A <> B
30 IF A < B THEN SWAP A,B
40 A = A - B
50 WEND
```

```
60 PRINT A
70 END
```

或者译成C语言程序：

```
#include < stdio. H >
main( )
{unsigned int a, b, c;
scanf("%d,%d",&a,&b);
while(a! = b){
if (a < b){
c = b;b = a;a = c;
}
a -= b;
}
printf("n\%d\n",a);
}
```

《九章算术》中的多数“术”都具有这种性质. 当然，也有些题的“术”是表述算法在本题中的具体用法的，其适用的问题类较小. 但从主要的和重要的“术”来说，确实都是算法，都具有上述性质.

2. 算法化的意义

算法化思想是适合于万物皆数的数学观和实用性数学体系的，因为在它们的影响下，数学以用来解决社会生活的实际问题为目标，而当时的各种实际问题一般是以具体数据呈现出来的，要用数学来解决问题，当然就要迅速地进行数据处理，得出具体的可以利用的数据，这就是计算.

与《九章算术》相一致，中国古代的数学理论、数学成果大都用算法表述，数学的发展主要表现为算法的改进和扩展. 当代数学家吴文俊先生对《九章算术》有极高的评价，他说：“由算法化思想，决定了中国古代数学具有两大特色，一是它的构造性；二是它的机械性.”“我国传统数学在从问题出发、以解决问题为主旨的发展过程中建立了以构造性与机械化为其特色的算法体系，这与西方数学以欧几里得《几何原本》为代表的所谓公理化演绎体系正好遥遥相对.在数学发展的历史长河中，数学机械化算法体系与数学公理化演绎体系曾多次反复互为消长，交替成为数学发展中的主流.肇始于我国的这种机械化体系，在经过明代以来近几百年的相对消沉后，势必重新登上历史舞台.《九章算术》与刘徽的《九章算术注》所贯穿的机械化思想，不仅曾深刻影响了数学的历史进程，而且对数学的现状也正在发扬它日益显著的影响.它在进入 21 世纪后在数学中的地位，几乎可以预卜.”

3.“方田”章算法分析

我们列表分析一下“方田”章的 21 个“术”(表 3-6).在表 3-6 中，我们用“相应公式”对“术”进行解释.“术”与现代数学公式有相同点，但是也有很大差别.其相同点是都可以用来解决一类有关问题.其差别是公式只提供了几个有关的量之间的关系，指明通过哪些运算构成的计算可以由已知量求出未知量，但并没有列出具体的运算程序，一般地认为这种程序是已知的.“术”则由怎样运算的详细程序构成，可以说它是为完成公式所指出的各种运算的详细程序，即把“公式”展开为使用某种计算工具的具体操作步骤.从这点来看，也与现代意义的算法更接近.如“环田术”，相应公式是 $S=\frac{1}{2}(C+c)(R-r)$，实际用算筹操作的步骤则是“并中外周而半之，以径乘之为积步”，即把内外周长相加，其和除以 2，商乘以内外半径之差(“径”就得面积)，这就是“环田术”的术文.比较复杂的“术”如“约分术”更是如此.《九章算术》中的术，译成现代术语，大多可以译为公式，但应注意，它实际上是公式的计算程序形式，即把公式展开成利用工具的计算程序——这正是现代意义的算法.而且有的算法不能翻译成简单的公式，如约分术、平分术等.

表 3-6 “方田”章的 21 个术

序号	术	意义	相应公式
1	方田术	矩形面积	$S = ab$
2	里田术	计算边长以里为单位的田地面积	$S = ab$
3	约分术	最大公约数	见前文“算法例说”
4	合分术	分数加法	$\frac{b}{a} + \frac{d}{c} = \frac{bc + ad}{ac}$
5	减分术	分数减法	$\frac{b}{a} - \frac{d}{c} = \frac{bc - ad}{ac}$
6	课分术	比较分数大小	$\frac{b}{a} - \frac{d}{c} > 0$,则$\frac{b}{a} > \frac{d}{c}$
7	平分术	分数的算术平均数	—
8	经分术	分数除法	$\frac{b}{a} / \frac{d}{c} = \frac{bc}{ad}$
9	乘分术	分数乘法	$\frac{b}{a} \times \frac{d}{c} = \frac{bd}{ac}$
10	大广田术	方田术、乘分术算法的结合	—
11	圭田术	斜(一般)三角形面积	$S = \frac{1}{2}ab$
12	邪田术	直角梯形面积	$S = \frac{1}{2}(a + b)h$
13	箕田术	梯形面积	$S = \frac{1}{2}(a + b)h$
14 ~ 15	圆田术	圆面积 (已知圆周 c 和直径 d)	$S = \frac{1}{4}cd$
16	—	圆面积(已知直径 d)	$S = \frac{3}{4}d^2 (\pi = 3)$
17	—	圆面积(已知圆周 c)	$S = \frac{1}{12}c^2 (\pi = 3)$
18	宛田术	球冠形 (一说扇形)面积	$S = \frac{1}{4}cd$(有误)
19	弧田术	弓形面积 (弦长 b、弦心距 h)	$S = \frac{1}{2}h(b + h)$(有误)
20	环田术	圆环形面积	$S = \frac{1}{2}(C + c)(R - r)$
21	密率术	圆环变换成 等积的等腰梯形	—

3.5 模型化思想 —— 运用之妙,存乎一心

《九章算术》是最早提供系统的数学模型的著作,在现今的数学教学中非常重要的“数形结合思想”,也是在《九章算术》中最先提出的一种独特的数学模型思想.

1. 数学模型概说

数学模型是为解决原型(一般是现实世界)问题而建立的,数学

模型是人们认识原型问题的方式之一,数学模型和原型问题的关系如图 3-3 所示(以解决现实世界的实际问题为例).

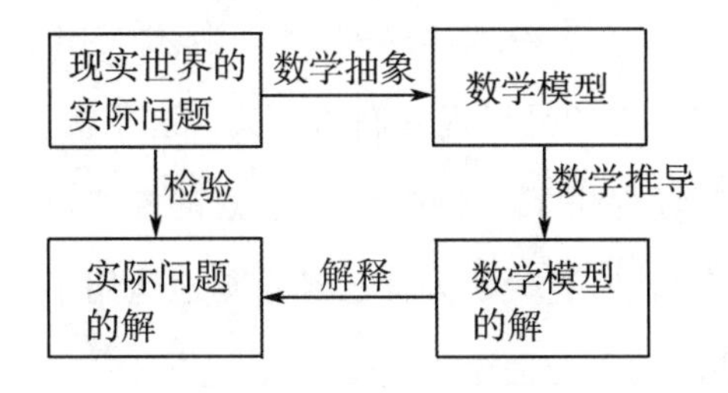

图 3-3 数学模型和原型问题的关系

这里数学抽象是指由原型问题建立起数学模型.这就有两种可能.一种是有现成的数学模型可用,则可直接应用;另一种是没有现成的数学模型可用,这时就要建立新的数学模型——实际上就是提出新的数学问题并加以解决.《九章算术》做了许多建立和使用数学模型的工作,至少有三章——盈不足、方程、勾股——提供的就是基本的数学模型.

2. 勾股模型

《九章算术》的"勾股"章是这样开头的:

今有勾三尺,股四尺,问为弦几何?答曰:五尺.

今有弦五尺,勾三尺,问为股几何?答曰:四尺.

今有股四尺,弦五尺,问为勾几何?答曰:三尺.

勾股术曰:勾、股各自乘,并,而开方除之,即弦.又,股自乘,以减弦自乘.其余,开方除之,即勾.又,勾自乘,以减弦自乘.其余,开方除之,即股.

勾是直角三角形的短直角边,股是直角三角形的长直角边,弦是直角三角形的斜边.在一个直角三角形中有短直角边短于长直角边,长直角边短于斜边的事实."勾股术"是已知直角三角形的两条边的长度,求其第三条边的长度的算法.可以用现代数学符号表示为

$$c^2=a^2+b^2,\quad a^2=c^2-b^2,\quad b^2=c^2-a^2$$

其中,a 是勾的长度,b 是股的长度,c 是弦的长度.指出"长度"这一点是很重要的,这正是前文所说的数形结合思想的体现——通过具体

的数的计算得到关于形的理论结果，这是《九章算术》的一个特点.

刘徽在《九章算术》“勾股”章的注文中说：“将以施于诸率，故先具此术以见其源也”(译文：本书将要把勾股术应用于各种率的计算中，所以先提出来，为的是展现它们的源头)，这非常重要，表示用勾股术为解决许多问题提供了一个总的方式、总的模式，用现代语言来说，就是提供了一个模型. 这说明刘徽已经自觉地运用了数学模型的思想方法，具有独特的数学方法论的历史意义.

“勾股”章的一开始就给出“勾股术”：已知直角三角形的两边求第三边的算法. 接着，举出 19 个实用性问题，并用勾股术 —— 直角三角形这一数学模型来解. 这些实用性问题都是解直角三角形的问题：已知某些元素，或按已知可得某些元素，求另一些元素(边). 每题都有自己的“术”，给出解这一问题的具体算法，题的结果往往给出了一组勾股数. 表 3-7 分析了其中 9 问的原型问题、模型问题，并用现代相应公式表示每题的“术”，列出该题给出的勾股数.

其中，后几个题中从原型问题到模型问题的对应是需要一些技巧的，这表明《九章算术》在数学模型的使用上达到了相当好的程度.

表 3-7 “勾股”章 9 问的模型分析

题号	原型问题	模型问题	相应公式	给出的勾股数
4	今有圆材，径二尺五寸. 欲为方板，令厚七寸，问广几何？	知弦、勾，求股	$b=\sqrt{c^2-a^2}$	7,24,25
5	今有木长二丈，围之三尺. 葛生其下，缠木七周，上与木齐. 问葛长几何？	知勾，可得股，求弦	$c=\sqrt{a^2+b^2}$	20，21,29
6	今有池方一丈，葭生其中央，出水一尺. 引葭赴岸，适与岸齐. 问水深、葭长各几何？	知勾、弦股差，求股、弦	$b=\frac{1}{2}\left[\frac{a^2}{c-b}-(c-b)\right]$ $c=\frac{1}{2}\left[\frac{a^2}{c-b}+(c-b)\right]$	$8, 9\frac{1}{6}, 12\frac{1}{6}$
7	今有立木，系索其末，委地三尺. 引索却行，去本八尺而索尽. 问索长几何？	同上	同上	同上

（续表）

题号	原型问题	模型问题	相应公式	提供的勾股数
8	今有垣高一丈，倚木于垣，上与垣齐. 引木却行一尺，其木至地. 问木长几何?	同上	同上	100，495，505
9	今有圆材埋在壁中，不知大小. 以锯锯之，深一寸，锯道长一尺. 问径几何?	知勾、股弦之半，求弦	$c=\dfrac{\left(\frac{a}{2}\right)}{\frac{c-b}{2}}+\dfrac{c-b}{2}$	10，24，26
10	今有开门去阃一尺，不合二寸. 问门广几何?	知勾、弦股差，求弦的2倍	$2c=\dfrac{a^2}{c-b}+(c-b)$	100，495，505
11	今有户高多于广六尺八寸，两隅相去适一丈. 问户高、广各几何?	知弦、勾股差，求勾、股	$a=\sqrt{\dfrac{c^2-2\left(\frac{b-a}{2}\right)^2}{2}}-\dfrac{b-a}{2}$ $b=\sqrt{\dfrac{c^2-2\left(\frac{b-a}{2}\right)^2}{2}}+\dfrac{b-a}{2}$	28，96，100
12	今有竹高一丈，末折抵地，去本三尺. 问折者高几何?	知勾、股弦和，求股	$b=\dfrac{1}{2}\left[(c+b)-\dfrac{a^2}{c+b}\right]$	3，$4\frac{11}{20}$，$5\frac{9}{20}$

3. 模型法的独特引申 —— 数形结合

数和形是数学中最基本的原始概念，《九章算术》开创了中国古代数学中数形结合的独特的研究方法，其表现为：用数的计算来解决形的研究的若干理论问题. 如“方田”“商功”两章的平面图形和立体图形的关系和求积问题，都是典型的关于形的问题，《九章算术》中都用数的计算 —— 着重于考察图形中的数的关系，算出确定的数值 —— 来解决，一个典型的例子是关于勾股定理的探讨. 同时，亦用形的直观来解释数的算法，如“开方术”“开立方术”等，为以图形做解释打下基础(实际的解释是刘徽完成的)，开启了“解释”方法的先河. 从数学模型的角度可以很好地对数形结合思想做出解释：用数的计算算法作为形的问题的模型，或者反过来，用图形作为关于数的问题的模型. 下面介绍刘徽证明直角三角形三边关系时对“形”的模型的利用.

按图 3-4 来解释：三角形 ABC 为直角三角形，以勾 a 为边长的正方形为朱方，以股 b 为边长的正方形为青方，如图 3-4 所示，“朱出”那个小三角形补到“朱入”的位置，下面的“青出”三角形补到上面“青入”的位置，右边“青出”的三角形补到左边“青入”的位置，就由原来的朱方和青方得到了以原三角形斜边 AB（长为 c）的大正方形了，对它的面积数(幂）开方，就得到一边之长 c 了.

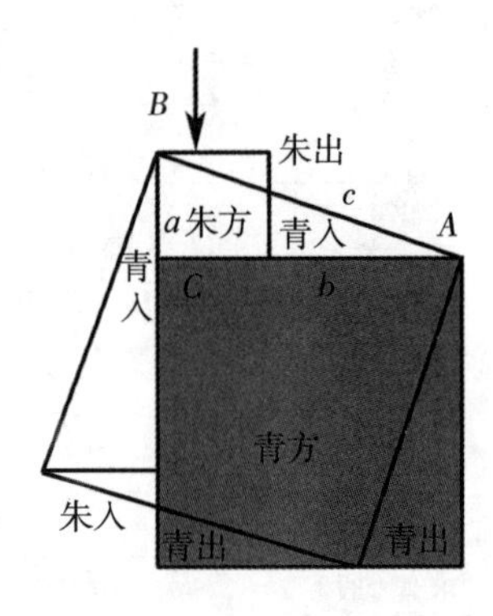

图 3-4　刘徽对直角三角形三边关系的证明

3.6　数学思想的另一个源泉 ——《几何原本》

《九章算术》是一种实用数学的体系. 另一种系统化方式的数学理论体系的形成是在古希腊实现的，其代表就是欧几里得的《几何原本》.

欧几里得(Euclid，约前 330— 前 275）是古希腊最重要的数学家之一. 人们认为他早年曾求学于雅典，可能是柏拉图学派的成员，后来到了亚历山大 —— 希腊化时代的希腊文化中心 —— 生活与工作.《几何原本》是他最重要的数学著作. 在 20 世纪之前，欧几里得几乎就是几何学的同义语，可见其影响之大. 除了《几何原本》之外，欧几里得还有《已知数》(*The Date*)、《图形的分割》(*On Divisions of Figures*)等数学著作.

《几何原本》是对古希腊数学的一次总结，该书共有 13 卷(也有的版本分为 15 卷)，基本情况见表 3-8.

表 3-8 《几何原本》概况表

卷次	定义数	公理数	命题数	引理数	推论数	主要内容	重要命题
1	23	10	48			平面几何问题	基本作图,三角形全等,勾股定理
2	2		14			几何代数学	用几何学方法解代数学问题——把数化为线段、把两数的乘积化为两数为边的矩形,解二次方程,勾股数,黄金分割,余弦定理(奇妙的是这种做法正好与《九章算术》相反)
3	11		37			圆	曲线及其切线在切点处形成的角为零
4	7		16		1	圆内接及外切多边形	正方形,圆内接正多边形,正5、10、15边形的作图
5	18		25		1	比例论	以公理法建立的比例论
6	4		33		2	相似形	成比例线段,二次方程几何解法
7	22		39			数论	辗转相除法,数的比例,素数论,完全数
8			27			数论	等比数列,平面数,立体数
9			36			数论	提出素数的无限性,完全数定理
10	16		115	10	5	无理量	穷竭法(默认阿基米德公理)
11	28		39	1	1	立体几何	
12			18	2	2	穷竭法的应用	
13			18	3	2	杂论	黄金分割的性质,5种球内接正多面体
合计	131	10	465	16	14		

《几何原本》中,命题是已证明了的,即现在所说的定理. 引理也是证明了的,不过一般被视为证明定理的中间结果. 推论是由定理直接推出的命题. 引理和推论其实也是定理. 定义是在一般理论探讨中表现出公理的特点——自身不用证明却作为证明的起点. 下面从体系结构特点、主要内容和采用的方法等几个方面说明它的理论化体系.

1. 封闭的演绎体系

仍然从宏观结构和微观结构两个方面来探讨《几何原本》的体系结构特点. 这里的宏观结构可以看作各卷之间的关系和联系,而微观结构则视为每一卷自身各个组成部分的关系和联系.

(1)《几何原本》的微观结构

《几何原本》共13卷,可把每一卷视为一个数学理论来考察.以第1卷为例,它提供了23个定义、5个公设、5个公理、48个命题及命题的证明.在这里,公理、公设是证明的根本的依据.定义则向理论中引入了所需要的数学概念,从而规定了概念的基本性质,因而实际上定义也是证明的依据,所以也可视为针对某一特定数学概念的“公理”.

23个定义确定了第1卷中所涉及的各种数学概念.然后展开各种命题的证明.每个命题的证明都要有依据,依据是定义(23个定义中的某些)、公设、公理(某些)和前面已经证明了的命题.《几何原本》中命题的排列是有顺序的,只能用前面的已证明了的命题作为证明后面命题的依据而不可相反.其安排考虑的是证明的逻辑需要.

《几何原本》的微观结构是一种演绎体系,它的各部分之间的安排服从演绎推理即证明的需要,其每一卷的各个命题的安排都是按演绎推理的顺序进行的.其第1卷中的公设和公理是全书证明的前提,每一卷由定义的内容展开为各种命题,每一命题都可由其前面的某些命题和公设、公理推导出来,每一命题同时也为其后面的命题提供部分依据.实际上每个命题都必须由它在理论中的地位来确定.

(2)《几何原本》的宏观结构

《几何原本》共13卷,各卷之间有什么关系?前面的表3-8展示出了《几何原本》的主要内容,从中可以看出,它们之间主要是逻辑关系.总的看来,如前述第1卷的10个公理(5个公设,5个公理,以后统称为公理)为全书提供了证明的前提.在前面的卷中给出的定义,在后面的卷中可无条件地采用;在前面的卷中证明了的命题,可以在后面的卷中作为已证定理即证明新命题的依据使用.就具体的各卷间命题的关系来看,由各卷的内容的不同而有若干差异.基本上是其内容现在所属学科分支相同的各卷的关系更为密切一些.如第1,2,3,4,6,11,12,13卷关系十分密切(它们的内容都属于现代的几何学),几乎在大多数命题的证明中都用到前面某卷的命题;第5,7,8,9,10卷属于现代的算术和数论,它们之间的关系也很密切,但与其他各卷关系稍弱一些. 第 5、10 卷独立性较强，较少用其他卷的命题，当然这不妨碍其余各卷引用这两卷的命题. 由于 13 卷之间有密切的逻辑关系，构成了一个逻辑体系，这种结构关系决定了除第 1 卷和第 5 卷外其他各卷都不能独立成书，而且离开第 1 卷或第 5 卷，也无法通读全书，所以这一逻辑体系是相当严谨的.

宏观结构上的这一严谨逻辑体系使《几何原本》的识读必须按“循序渐进”的方式进行. 从头读起一般是教科书的规范，因此《几何原本》的表述方式是一种教科书方式. 这种数学知识的系统化正是数学教育发展所需要的，这一点与《九章算术》是相当一致的.

比较严谨的逻辑体系又使得以《几何原本》为代表的古希腊数学具有另一特点：相对独立于社会生活. 它本身作为一个自洽的体系，可以在教学或研究活动中自行运转和发展，因而从系统的角度看，它自身又形成了一个相对封闭的体系 —— 可以不借助外界的信息而自我发展. 这是非常独特的，《几何原本》在各种各样的社会环境中都能按自己的方式运行而发展下去. 这样，我们就看到，《几何原本》从宏观结构来说，是一个封闭的、严谨的逻辑体系.

2. 抽象化的内容

抽象是人类理性思维的基本属性或基本特点，是形成科学的基本思维操作之一，可以说是形成科学的基础，这对于数学来说尤其重要，因为数学的特点之一就是高度的抽象性. 一般地说，人在思维中把客观事物的某一方面特性与其他特性分开给予单独考虑，就是抽象. 当然，同时要求用概念、范畴、判断、理论等思维形式来固定这种“单独考察”的结果. 实际上，抽象是与具体相对应的概念，具体是事物的多种规定性的总和，因而抽象亦可以理解为由具体事物的多种性质中舍弃若干性质而固定了另一些性质的思维活动. 抽象对于认识世界有着十分重要的意义. 认识是人对自然界的反映. 但是，这并不是简单的、完全的反映，而是一系列的抽象过程，即概念、规律等的构成、形成过程. 由此可见，抽象对于数学认识具有十分重要的意义.

做尽可能高的抽象化是《几何原本》的一大特点.例如对数的探讨,并不涉及个别的具体的数据,而是一般地探讨"抽象的数",用线段、平面图形(矩形)和立体图形(方体)来表示数是其独创性特色,这既避免了用具体的数可能引起的困难,又做到具有一般性.所阐述的命题对所有的数都具有普适性.普适性或普遍性正是古希腊人知识追求的一大目标.

由于注重抽象,《几何原本》中关于数的论述构成了现今数学的分支"数论"的起源,并给出许多数论(关于数的抽象理论)的成果.例如,第7卷命题1和命题2构成现代求最大公因数的"辗转相除法"的基础.再如第7卷命题34(已知二数,求它们能量尽的数中的最小数),这是求最小公倍数的方法的来源.

《几何原本》采用了各种抽象方法,例如"理想化法".理想化法是指在形成一个具备某种性质的概念时,这种性质是这个论域的对象所不具备的,甚至是假想的,而这种假设在逻辑上是合理的.

欧几里得在《几何原本》开篇就使用了理想化法——建立了理想元素,如其第1卷的定义:

定义1　点是没有部分的.

定义2　线只有长度而没有宽度.

定义5　面只有长度和宽度.

《几何原本》引入了几何学最基本的元素,而这些基本元素显然是现实世界所没有的——现实世界的任何物体都不可能是"没有部分的"或"只有长度而没有宽度"或"只有长度和宽度"的.这只是人们对现实的物体做抽象,舍弃了许多性质.只考虑《几何原本》所涉及的性质时,才构成了这种理想元素.这些元素确实是假想的,即理想化的.

抽象化的结果使《几何原本》的主要内容就是抽象的命题及其抽象的证明.所谓"抽象的证明"指的是只能以顺序上在前面的已证命题与公理为依据进行逻辑推导得出新的真命题,任何具体的方法如测量、计算等都被拒斥.

3. 公理法

公理法也叫作公理学,包括公理方法和公理体系两个方面. 公理方法就是从初始概念和公理出发,按照一定的规定(逻辑规则) 定义出其他所需要的所有的概念,推导出其他所需要的一切命题的一种演绎方法. 由初始概念、公理、定义、逻辑规则、定理等构成的演绎体系叫作公理体系. 公理方法是构成公理体系的方法,公理体系是由公理方法得到的数学理论体系.

公理法是一种演绎方法或演绎体系,它所采用的是演绎推理. 在公理体系中,所有的命题都以一定的次序在体系中占有一定的位置;每一个命题都是由在它之前的某些命题通过演绎推理得到的,而那些作为演绎前提的命题则是它前面的命题的结论,这样一直追溯到不证明的公理(初始命题) 为止. 当然在公理体系中,上述过程采用了提出命题和证明命题的形式,推理的前提作为证明的论据. 公理体系中的公理是关于初始概念的命题. 由于初始概念是公理体系中最抽象的概念,所以公理也就是公理体系中最一般的命题. 公理体系中的其他命题(定理) 都可以由公理(借助于新概念的定义) 演绎出来,说明了它们实质上是作为特殊的东西"包含" 于公理之中,也就是说,公理体系是一个表述由一般到个别的认识过程的体系.

公理法是《几何原本》的基本建构方法. 不仅如此,《几何原本》的公理法还是人们最早建立的公理法,它的"论域"(研究的对象) 是唯一的,并且是以人的经验为基础(公理是自明的),所以称为"具体的公理体系". 在这个具体的公理体系中,具体而明确地贯彻了亚里士多德的两条逻辑要求:第一,公理必须是明显的,因而是无须加以证明的,其是否真实应受推出的结果的检验,但它仍是不加证明而采用的命题. 初始概念必须是直接可以理解的,因而无须加以定义. 第二,由公理证明定理时必须遵守逻辑规律与逻辑规则. 同样,通过初始概念以直接或间接的方式对派生概念下定义时,必须遵守下定义的逻辑规则.《几何原本》是以"点""直线""平面""在…… 上"等为初始概念的,但字面上却也给出了定义,如前面举的第 1 卷关于点、线和面的定义.

不过在其内容展开时并没有利用这几个定义,因此,实际上它们是不定义的概念.对不定义的概念做了定义,说明对不定义的概念的认识不太明确.定义方面的另一个问题是没有给出其唯一性,也没有证明其唯一性,在其他证明中却运用了唯一性[如公设1(设过两点有一条直线)].在命题的证明中也有不太严格的情况,如依赖于图形的直观.所有这些缺陷大多是由于过分依赖直观和对数学直接是世界的本质的信念而产生的.但正是《几何原本》的公理法,使人们有了一种非常有用的科学方法,把数学推到了一个新的阶段,在人类数学的发展甚至整个科学的发展中,《几何原本》的公理法做出了极大的贡献.

非常重要也非常奇特的是,《几何原本》的数学思想上的这三个特点,正好与《九章算术》的数学思想上的三个特点相对应,而且具有完全的互补性.列表做一比较,见表3-9.

表3-9 《九章算术》与《几何原本》的比较

比较项目	建构数学体系的方式	表述体系	主要内容	构造体系的主要方法	侧重培养的能力	理论体系的逻辑性	与实际生活的联系
《九章算术》	实用方式	开放的归纳体系	算法	数学模型法	数学实用能力、建模能力、计算能力	不够严谨	紧密
《几何原本》	理论方式	封闭的演绎体系	抽象的命题	公理法	逻辑思维能力、数学推理能力、证明能力	相当严谨	不紧密

四　数学思想的理论奠基
——刘徽的数学思想

刘徽的主要数学思想表述在他的《九章算术注》中.虽然限于注文的形式,刘徽的数学思想的表述不够直接,但是非常深刻.可以说,刘徽的《九章算术注》奠定了中国古代数学的理论基础.在一定程度上,他把《九章算术》这样一部实用性数学著作变成了具有实用性质的数学理论体系,对中国古代数学思想的发展起到了关键性的促进作用.刘徽典型的数学思想有万物皆数思想、系统证明思想、极限(无限)思想和以盈补虚思想等.

4.1　万物皆数思想——继往开来的思想

刘徽在《九章算术注》的序文中深刻阐述了自己的数学观念:

昔在包牺氏始画八卦,以通神明之德,以类万物之情,作九九之术,以合六爻之变.暨于黄帝神而化之,引而伸之,于是建历纪,协律吕,用稽道原,然后两仪四象精微之气可得而效焉.

(译文:从前,包牺氏创作八卦,用来通晓天地变化中所显现的大智和大德,用来对万物的情状进行归类,又创造出九九乘法表,以符合六爻的变化.到了黄帝的时代,更进一步发挥它们的神奇功能,对它们加以引申,建立历法的规范,校正律管使乐音和谐,最后用它们考察道的本原,就使得我们能够得出两仪、四象的精微功能并用来达到自己的目的.)

这与西汉学者刘歆(?—23,主要的数学活动是编算《三统历》,创新是提出"木星超辰"算法,改进了木星周期的计算)在《汉书·律历志》中的说法是可以比较的：

数者，一十百千万也，所以算数事物，顺性命之理也，《书》曰，先其算命. 本起于黄钟之数，始于一而三之，三三积之，历十二辰之数，十有七万七千一百四十七，而五数备矣. 其算法用竹，径一分，长六寸，二百七十一枚而成六觚，为一握. 径象乾律黄钟之一，而长象坤吕林钟之长. 其数以《易》：大衍之数五十，其用四十九，成阳六爻，得周流六虚之象也. 夫推历、生律、制器、规圆、矩方、权重、衡平、准绳、嘉量、探赜索隐、钩深致远，莫不用焉. 度长短者不失毫厘，量多少者不失圭撮，权轻重者不失黍絫，纪于一，协于十，长于百，大于千，衍于万，其法在算术，宣于天下，小学是则，职在太史，羲和掌之.

[译文：数就是一、十、百、千、万等，人们用它们计数，算计事物的数量，探讨“性命之理”.《尚书》中说，要掌握万物，就要首先明确计数和算计的道理. 万物都起于黄钟之数一，一乘以三，再乘以三，等等，一直乘 11 次三，得到 177147，这时阴阳和谐、五行相因，化生了万物. 实际用来做计算的工具是竹筹，竹筹的宽度为 1 分，长度为 6 寸，271 根竹筹放在一起，能构成一个底面为正六边形的棱柱，握在手里正好够一把. 这个竹筹的宽度表征音律“乾”，就是黄钟的数一，而长度则表征音律的“坤吕”. 林钟管的长度为 6 寸，成一把之数(271) 就是按《周易》筮卜用的蓍草数(49)、得到乾卦的策数(216) 和每卦爻数(6) 之和($271 = 49 + 216 + 6$). 凡是推算历法，确定音律，制造器皿，用规画圆，用矩验方，制定和使用标准量器，探寻事物背后所隐藏的奥秘，测量人们达不到的深远之处，没有不利用算筹做计算的. 利用算筹的计算去度量长短、测量容积、称量轻重都能达到非常精确的地步，完全在于一、十、百、千、万这些数. 而算筹的运用方法称为“算术”，应规定为全国小学的课程，由太史、羲和负责实施、管理.]

这两者是非常一致的，即认为数把天地万物及人事活动联系起来，两者都涉及规范历法、协调音律. 前者说用数学可以得到“两仪四象精微之气”，后者则说对数学“探赜索隐、钩深致远，莫不用焉”，都充分表现出“万物一体”的思想，这个一体是通过数实现的，即通过对数的

"大衍",得出有关的信息,从而根据大衍结果来决定人的行为.这是前面说的《周易》的主要的思想方法.《周易》原来是占卜用书,后来发展成为哲学书,但说理的基本方法还是利用占卜用的卦和爻等.刘徽将其直接引用到这里,表明在他的思想中,他认为《九章算术》把数用于社会的各个领域,因而也使数具有整合万物的中介物的意义;通过数的计算可以解决社会生活各领域的问题,可见万物的确与数密切相联系,可以通过数来联系万物.这就是中国古人的"万物皆数"观念的含义.

中国古人的这种独特的"万物皆数"观念后来不断发展,中国古代数学家大都持类似的观点.与古希腊人的"万物皆数"观念——认为数是世界的本原,由数可推导出整个世界——不同,中国古人的"万物皆数"观念是认为数学可应用到任何与人事活动相关的领域中去.显然,这种观念具有功利的倾向.除了社会生产、生活中的应用外,还用于通神明、顺性命、经世务、类万物、行政管理以至军事等方面.由于中国古人具有这种观念,人事功利(实用性)成为对数学知识进行价值评价的标准.因而,中国古人所着重研究的是能直接应用的实用性数学,不可能建构出像希腊数学那样的纯理论,中国古代也始终未能产生逻辑性的数学理论体系.

4.2　系统证明思想——寻找每一个算法的依据

刘徽在中国古代数学中做了理论奠基工作——实践了一种系统证明的数学思想.

1. 系统证明的表现

刘徽对《九章算术》的若干数学概念做了严格的定义.在"方田章"中就有"幂""齐同(术)""率"等概念的严格定义,在其他各章均如此,例如,"列衰""开方""阳马""羡除""均输""方程""正负(数)""勾股弦"等.刘徽将这些概念引入并进行了相当严格的数学证明.这种证明是有逻辑起点、逻辑中介的严格的演绎证明.

(1) 逻辑起点

刘徽在对《九章算术》的注解中,以证明其中的公式、算法为重心，对《九章算术》的多数算法（“术”）都做了证明或证明提要. 因前文已证明了总的算法，只有“粟米”章的23个术、“衰分”章的5个术，“少广”章的11个术因分属于“今有术”“衰分术”“返衰术”“少广术”在题中的具体应用的算法（向算法程序中输入本题的数据的方法），没有再给出证明. 此外还有6个术未做注证明，其中“方程”章4个. 因方程都是注释（证明）过的类型，故不再加注. 最终有意没有做注证明的只有两个术：“方田”章的第一个术——“方田术”（矩形面积算法，注文只给出幂的定义而对术本身未予证明）、“商功”章求方堢壔（方柱体）体积的术. 这两个术不做证明绝非偶然，是有意以它们作为后文面积、体积算法证明的出发点的. 因此，可以把它们视为面积、体积理论的公理，也可视为面积、体积的定义. 前面指出的其他数学概念的定义也都是证明的出发点. 它们构成了刘徽的数学理论的逻辑起点.

（2）逻辑中介

刘徽在其理论推导中引入了若干个“原理”，例如，圆锥、圆亭、球分别与其外切方锥、方亭、牟合方盖的体积之比，方程中“举率以相减不害余数之课”（线性方程组中任意两行相减不影响方程组的解），以及齐同原理、出入相补原理等. 这些原理成为他实现数学证明的重要中介. 刘徽没有对它们进行证明而是视为“事实”，在证明中一再运用它们.

（3）演绎证明

刘徽的数学证明基本上是演绎证明，在逻辑上是相当严谨的. 刘徽关于“圆田术”——“以半周乘半径而为圆幂”的证明、关于阳马体积公式“广、袤相乘，以高乘之，三而一”的证明和鳖臑体积公式“广、袤相乘，以高乘之，六而一”的证明，可以说是全书中最精彩的证明.

2. 部分与系统证明相关的数学成果

（1）关于截面积原理的认识，刘徽指出：“上连无成不方，故方锥与阳马同实.”其含义为：方锥与阳马每一层都是相等的方形，所以体积才相等. 这种思想不仅使他在求圆亭、圆锥的体积中取得成果，而且也提示后人做出重大的数学发现（祖暅原理）.

(2) 十进分数，即小数的思想．开方不尽数可以退位求其“微数”，即以 10 的幂为分母的分数．而且计算的过程可以一直进行下去，达到人们需要的精确度．这开启了十进小数的先河，不仅为圆周率计算打下基础，而且也“逼近”了无理数的发现．

(3) 提出等差数列通项公式和前有限项求和公式等．

(4) 特别应该强调的是，刘徽的极限思想及其在数学中的应用是他最重要的数学成果之一，他的许多其他数学成果，如割圆术、刘徽原理、出入相补原理、以直代曲、微数法等，大多都与极限思想有关．虽然许多古人孕育过极限或无限的思想，但把这种思想转化成操作方式用到数学中(在一定程度上可以说是运用了极限概念)，刘徽则是第一人．

3. 系统证明的例子

下面通过对“商功”章刘徽注文的分析来看刘徽的系统证明思想．

方堢壔(bǎo dǎo，长方体的土台，底面是一正方形，可称为“方柱体”)或更一般些的方体(长方体)体积为整个体积理论的逻辑起点．

(1) 由方体具体化：

底面四边相等，则得到方堢壔

两底面可以呈梯形，则得到城、渠、堑

……

(2) 由方体具体化：

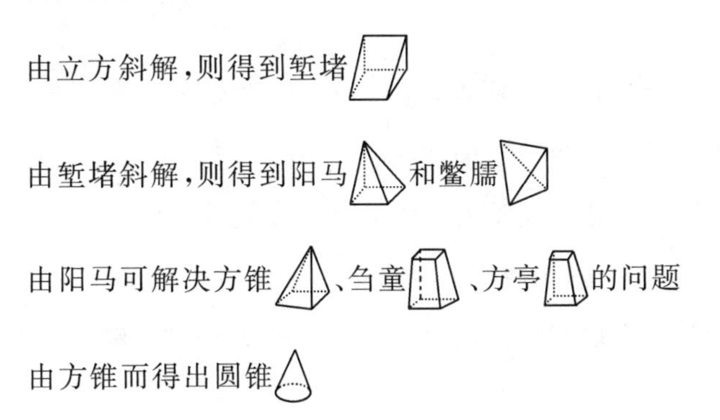

由刍童而得出刍甍

由方亭而得出圆亭

由鳖臑可解决羡除的问题

(3) 由方体具体化：

底面呈圆形，则得到圆堢壔

底高相同的圆堢壔正交，则得到牟合方盖

由牟合方盖解决球的问题

就是说，在刘徽的体积理论中(图 4-1)，由最抽象的概念“方体”和最一般的命题“方体体积”出发进行具体化.

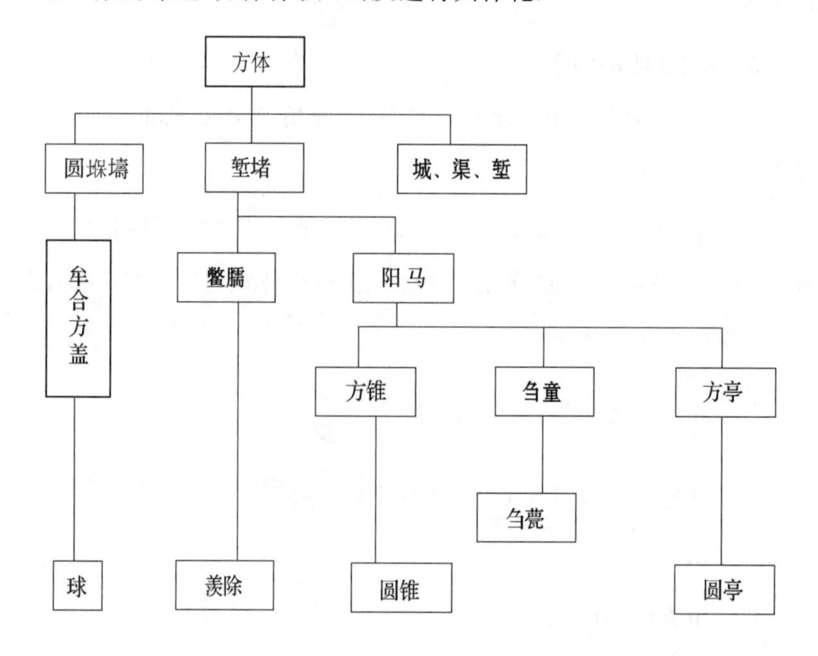

图 4-1　刘徽的体积理论

第一个具体化方向是增加方体两个底面的性质，就得到了两底面为梯形的直棱柱，包括城、渠、堑等.

第二个具体化方向是把方体沿对角线剖分，由此得到堑堵，再剖分得到阳马和鳖臑. 为解决剖分带来的数量问题，刘徽引入并且运用出入相补原理和极限概念证明了刘徽原理，从而不仅解决了阳马和鳖臑的结构和体积问题，还对前面的城等体积问题给出证明.

然后由阳马具体化，得到了方锥、刍童、方亭的问题的解；而由方锥自然推导出圆锥的问题，由刍童推导出刍甍的解，由方亭推导出圆亭的体积. 在由方向圆的具体化中运用了变换思想. 由阳马向方锥具体化时，提出了“面动成体”的思想.

同时由鳖臑具体化，得到了羡除的问题的解.

第三个具体化方向是把底面变成圆形，于是得到圆垜壔，由圆垜壔具体化为少广章的问题：两个等底等高的圆垜壔直交，就得到了牟合方盖，从而指出了解决球体积问题的方向.

4.3 极限(无限)思想 —— 前无古人的算法

刘徽最重要的数学思想之一就是极限(无限)思想，他是把极限思想具体化为数学方法并在数学中加以运用的第一人. 这一点是具有世界历史意义的. 在《九章算术注》中，在所有需要以极限思想来解决的问题中，他都使用了明确的极限方法. 我们以“圆田术”注(著名的“割圆术”)、刘徽原理的证明和开方不尽数的处理为例探讨刘徽的极限思想.

1. 割圆术

刘徽在“方田”章“圆田”术“半周半径相乘得积步”后写下注文：

又按：为图. 以六觚之一面乘一弧半径，三之，得十二觚之幂. 若又割之，次以十二觚之一面乘一弧之半径，六之，则得二十四觚之幂. 割之弥细，所失弥少. 割之又割，以至于不可割，则与圆周合体而无所失矣. 觚面之外，犹有余径. 以面乘余径，则幂出弧表. 若夫觚之细者，与圆合体，则表无余径. 表无余径，则幂不外出矣. 以一面乘半径，觚而裁之，每辄自倍. 故以半周乘半径而为圆幂.

这一段里刘徽给出“半周半径相乘得积步”的严格证明，此证明方法称为“割圆术”，即从圆内接正 6 边形开始，每次把边数加倍，用勾股定理，求出正 12 边形、正 24 边形 …… 每边的长，这种边数加倍的做法叫作“割”. 边数越多，正多边形与圆越接近. 刘徽说，正多边形的边数越多，正多边形与圆的差就越少，最后分到不可再分，多边形就与圆重合,没有误差了.这个“割之又割,以至于不可割”非常形象地表现出庄子所说“日取其半、万世不竭”的极限思想,还隐含了“无论怎样割,无论正多边形的边数取得多么多,实际上都不能与圆重合;只是到了‘不可割’的情况即边数无限增多时,正多边形以圆为极限”.这里真正运用了极限思想,并把圆作为正多边形的极限.

刘徽在求圆面积的过程中又同时解决了圆周率的计算问题,并且得出了古代一个非常好的圆周率成果:$\pi = 3.14$.

2.刘徽原理的证明

这是刘徽在为“商功”章“阳马术”做的注文中提出来并加以证明的关于体积公式的最基本的原理.阳马术原文如下:

今有阳马,广五尺,袤七尺,高八尺.问积几何?

答曰:九十三尺少半尺.

术曰:广袤相乘,以高乘之,三而一.

刘徽的注文为:

按:此术阳马之形,方锥一隅也.今谓四柱屋隅为阳马.假令广袤各一尺,高一尺,相乘,得立方积一尺.斜解立方得两堑堵;斜解堑堵,其一为阳马,一为鳖臑.阳马居二,鳖臑居一,不易之率也.合两鳖臑成一阳马,合三阳马而成一立方,故三而一.验之以棋,其形露矣.悉割阳马,凡为六鳖臑.观其割分,则体势互通,盖易了也.

这个算法可以表示为

$$V_y = \frac{1}{3}abh \quad (a、b\text{ 分别为阳马底面的长和宽},h\text{ 为阳马的高})$$

阳马是底面为长方形的直角四棱锥,所谓“方锥一隅”指的是用两个互相垂直的平面,交线过一个方锥(正四棱锥)的顶点和底面中心分解方锥,就得到四个阳马,“四柱屋隅为阳马”,指四面墙的屋子的一个墙角就是一个阳马.

如果用一个每条棱长都是1尺的正方体来检验,按前面说的方式斜着把正方体剖成两个堑堵,再斜着把堑堵剖开,就成为1个阳马和1个鳖臑(nào,意思是前臂骨,用来比喻这一立体的形状),此时显然有

$V_y:V_b=2:1$(V_y为阳马的体积,V_b为鳖臑的体积)

实际上如图4-2所示,2个鳖臑合成1个阳马[图4-2(a)],而3个阳马合成1个正方体[图4-2(b)][如图4-2(c)和图4-2(d)所示,1个鳖臑和1个阳马合成1个堑堵;如图4-2(e)所示,2个堑堵合成1个正方体,2个堑堵中有2个阳马和2个鳖臑,2个鳖臑合成1个阳马,所以正方体中共有3个阳马],所以阳马的体积就如上面公式所示是正方体体积的$\frac{1}{3}$.用(理想)模型(棋)立即可以检验出来.这种理想模型有三种(三品棋)——长、宽、高都是1尺的正方体、阳马和堑堵,用它们的拼合或分解,推导、验证多面体的体积公式(使用这种理想模型的方法叫作棋验法):把一个正方体($a=b=h=1$尺)的棋按前面说的方式割开,就可以验证这一点——可以得到3个阳马.如果把得到的3个阳马再全剖开,就可以得到6个鳖臑.对各种大小不同的正方体做切割,结果虽然大小不同,但比例是一样的.

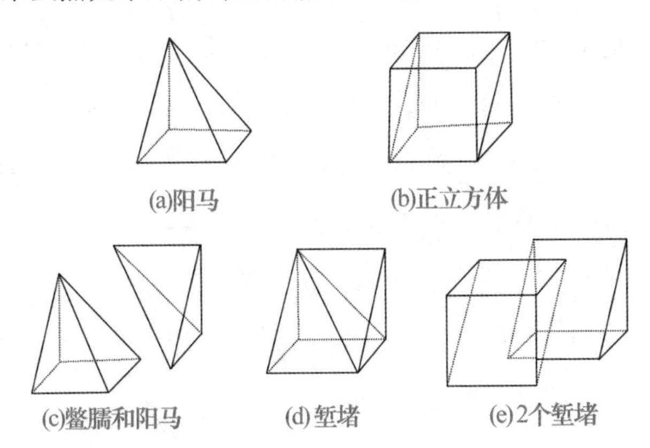

图4-2　阳马、正方体、鳖臑、堑堵

刘徽在注文中说:其棋或修短、或广狭、立方不等者,亦割分以为六鳖臑.其形不悉相似.然见数同,积实均也.

即在$a\neq b\neq h$的情况下,鳖臑殊形,阳马异体.然阳马异体,则不可纯合,不纯合,则难为之矣,就是说在长方体的情况下,无法应用前面说的(理想模型)棋验法.但这个阳马和鳖臑的体积比却非常重要,因为只有证明了它,再利用已知堑堵体积公式$V_q=\frac{1}{2}abh$,才能由今有术或衰分术推导出阳马、鳖臑的体积公式.

刘徽采用他在割圆术中用过的极限方法证明了这一点.他用三个互相垂直的平面平分由阳马、鳖臑组成的堑堵,则阳马分成1个小正方体Ⅰ,2个小堑堵Ⅱ、Ⅲ和2个小阳马Ⅳ、Ⅴ;鳖臑分成2个小堑堵Ⅱ′、Ⅲ′,2个小鳖臑Ⅳ′、Ⅴ′.它们可以拼合成4个全等的小正方体Ⅰ、Ⅱ-Ⅱ′、Ⅲ-Ⅲ′、Ⅳ-Ⅳ′-Ⅴ-Ⅴ′.显然,在前3个小正方体中,亦即在原堑堵的$\frac{3}{4}$中,属于阳马与属于鳖臑的体积之比为$V_y:V_b=2:1$.[可以说明如下:在前3个小正方体中,设Ⅰ的体积就用Ⅰ来表示,Ⅰ$=2$,则有体积Ⅱ$=$Ⅱ′$=$Ⅲ$=$Ⅲ′$=1$,于是有前3个小正方体的体积之和为Ⅰ$+$Ⅱ$+$Ⅱ′$+$Ⅲ$+$Ⅲ′$=6$,而原来属于阳马的部分Ⅰ、Ⅱ、Ⅲ的体积之和为$4(=V_y)$,原来属于鳖臑的部分Ⅱ′、Ⅲ′的体积之和为$2(=V_b)$,即有$V_y:V_b=2:1$.]在第4个小正方体Ⅳ-Ⅳ′-Ⅴ-Ⅴ′中,这个比例尚未知,然而构成它的2个小堑堵与原堑堵完全相似,且长、宽、高为原堑堵的一半.对这两个小堑堵重复上述分割,即"置余广、袤、高之数各半之,则四分之三又可知也."如此继续下去,"半之弥少,其余弥细,至细曰微,微则无形.由是言之,安取余哉?"即经过这样的无限过程,最后剩余的体积的极限一定是0,而在整个过程中能够确定的原阳马的部分与原鳖臑的部分的体积之比总是$2:1$.因此在任何一个堑堵中,恒有$V_y:V_b=2:1$.从而在整个堑堵中证明了刘徽原理.以上描述过程如图4-3所示.

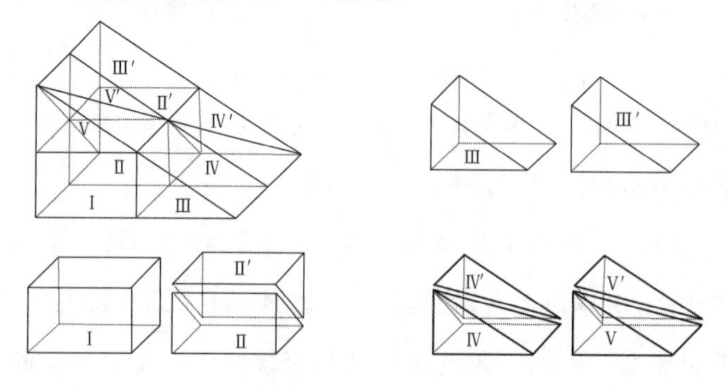

图4-3

下面用数学语言表述这一过程：

设原堑堵为 V_0，体积也用 V_0 表示；

第一次剖分并按上述操作后余下的两个堑堵 Ⅳ-Ⅳ′、Ⅴ-Ⅴ′之和为 V_1，其体积也用 V_1 表示；

再一次(第二次) 剖分并按上述操作后余下的更小的两个堑堵之和为 V_2，其体积也用 V_2 表示；

持续做下去，在第 n 次剖分并按上述操作后余下的更小的两个堑堵之和为 V_n，其体积也用 V_n 表示.

按前面的讨论，应该有：

$$V_1 = \frac{1}{4}V_0$$

$$V_2 = \frac{1}{4}V_1 = \frac{1}{4}(\frac{1}{4}V_0) = \frac{1}{4^2}V_0$$

$$V_3 = \frac{1}{4}V_2 = \frac{1}{4}(\frac{1}{4^2}V_0) = \frac{1}{4^3}V_0$$

$$\vdots$$

$$V_n = \frac{1}{4}V_{n-1} = \frac{1}{4^2}V_{n-2} = \cdots = \frac{1}{4^{n-1}}V_1 = \frac{1}{4^n}V_0$$

当过程无限持续下去，即当 $n \to \infty$ 时，有

$$\lim_{n\to\infty}V_n = \lim_{n\to\infty}\frac{1}{4^n}V_0 = 0$$

在剖分过程无限持续时，按上述剖分后剩余的不能确知其中阳马和鳖臑体积比的部分的极限是0. 于是可以确定刘徽原理成立——原堑堵剖分成的阳马和鳖臑的体积比为2∶1. 刘徽的极限概念的应用是非常自然的，因而也是非常先进的.

刘徽将多面体分割成有限个长方体、堑堵、阳马、鳖臑，求其体积之和，从而解决了多面体的体积问题，这就将多面体理论建立在极限思想的基础上.

3. 开方不尽数

这是刘徽在“少广”章“开方术”的注文中提出来的，也是数学史上非常有名的话题：

原文为：

若开之不尽者，为不可开，当以面命之. 若实有分者，通分内子为定实，乃开之. 讫，开其母，报除. 若母不可开者，又以母乘定实，乃开之. 讫，令如母而一.

刘徽的注文为：

术或有以借算加定法而命分者，虽粗相近，不可用也. 凡开积为方，方之自乘当还复有积分. 令不加借算而命分，则常微少；其加借算而命分，则又微多. 其数不可得而定. 故惟以面命之，为不失耳. 譬犹以三除十，以其余为三分之一，而复其数可以举. 不以面命之，加定法如前，求其微数. 微数无名者以为分子，其一退以十为母，其再退以百为母. 退之弥下，其分弥细，则朱幂虽有所弃之数，不足言之也.

开方术的原文肯定了开方不尽数的存在，从而表明，在《九章算术》中已经认识到对一个数 N，$\sqrt{N}$ 就是它的“面”，即平方根，而不论 N 是不是完全平方数. 这是一个了不得的数学认识，离无理数的发现也就是一步之差了. “以面命之”就是以“面”开方已经得到的结果作分母得出一个分数. 会得出什么样的分数？刘徽指出“以借算加定法而命分”，就是以借算 1 加上“定法”—— 按运筹表，初商乘借算为“法”，法加倍称为“定法”—— 作分母，以原“实”(被开方数) 减去初商和法的乘积得到的新“实”为分子. 设 N 开方已得的商(根) 为 a，则有

$$\sqrt{N} \approx a + \frac{N - a^2}{2a + 1}$$

还有不加借算而给出的结果：

$$\sqrt{N} \approx a + \frac{N - a^2}{2a}$$

非常重要的是刘徽已经指出：

$$a + \frac{N - a^2}{2a + 1} < \sqrt{N} < a + \frac{N - a^2}{2a}$$

从而得出了从不足近似值和过剩近似值两个方面逼近方根的认识和方法，这在世界上是处于先进行列的.

更重要的是，刘徽提出了不用分数逼近方根，而按前面的方法，不

断退位,一直用开方术计算下去,得到“微数”,就是十分小的数,而且是(十进)小数,因此这里给出的是用(十进)小数逼近方根,开启了用小数逼近无理数的先河.这是真正具有世界历史意义的成果.

开方术的最后两句话给出了分数开方的算法:

设 A 是完全平方数,则

$$\sqrt{C+\frac{B}{A}}=\sqrt{\frac{CA+B}{A}}=\frac{\sqrt{CA+B}}{\sqrt{A}}$$

设 D 不是完全平方数,则

$$\sqrt{\frac{E}{D}}=\sqrt{\frac{ED}{D^2}}=\frac{\sqrt{ED}}{D}$$

这也是与现代十分一致的结果.

4.4　以盈补虚思想 —— 出入相补原理

以盈补虚思想是刘徽在《九章算术注》中进行算法解释(进行证明)的一种基本的思想.从这种思想出发,刘徽提出了他的数学证明的一个基本的原理 —— 出入相补原理.这个原理可以视为以盈补虚思想的具体运用,最典型的就是在“圆田术”“开方术”和各种“化圆为方”问题中的应用.

1.初次应用

刘徽第一次应用出入相补原理是在“方田”章中为“圭田术”做的注文中.原文为:

又有圭田广五步二分步之一,从八步三分步之二,问为田几何?

答曰:二十三步六分步之五.

术曰:半广以乘正从.

刘徽的注文为:

半广知,以盈补虚为直田也.亦可半正从以乘广.按:半广乘从,以取中平之数,故广从相乘为积步.亩法除之,即得也.

[刘徽的注文的译文:用广(底边长)的一半乘正纵(高长).取广的一半,是为了以盈补虚,使它变为长方形田.又可以取正纵的一半,以它乘广.按:广的一半乘纵,是为了取中平之数,所以广与纵相乘成

为积步. 以亩法除积步,就得到亩数.]

"圭田术"中所说的"以盈补虚"可以图示出来,如图 4-4 所示. 这个圭田一般认为是等腰三角形,不过也可以理解为一般的"斜三角形",本书采用后一种理解,因为本题及"圭田术"中都没有利用等腰的条件.

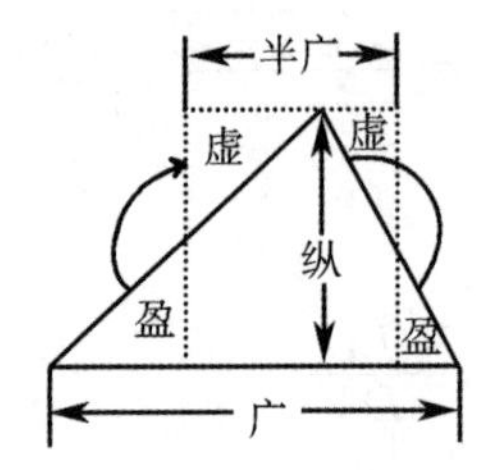

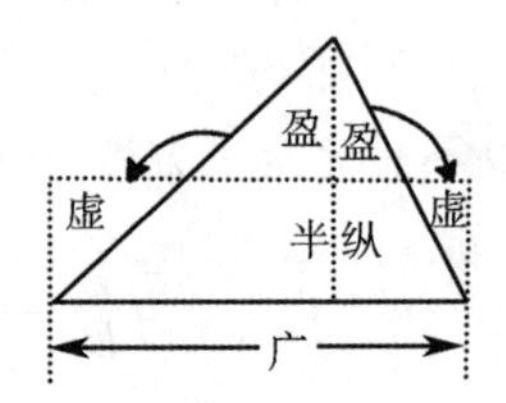

图 4-4 以盈补虚示意图

这是由刘徽开创的"出入相补原理"的第一次应用. 在"方田"章下文的"邪田"(直角梯形)、"箕田"(梯形)、"圆田"等几乎所有的求体积计算中,"出入相补原理"均得到了应用.

"出入相补原理"的本质是将面临的问题转化为原来已经解决了的问题来解决 —— 就是现在所说的"关系映射反演"方法,这是现代数学中最基本、最重要的数学方法.

2. 在"方田"章"圆田术"注中的运用

原文为:

术曰:半周半径相乘得积步.

刘徽的注文为:

按:半周为纵,半径为广,故广从相乘为积步也. 假令圆径二尺,圆中容六觚之一面,与圆径之半,其数均等. 合径率一而弧周率三也.

(刘徽的注文的译文:把半周作为纵,半径作为广,按照"方田术"广纵相乘即得到积步. 假设圆的直径是 2 尺,那么圆内接正 6 边形的一边与圆的半径在数值上是相等的,这符合圆的直径率为 1、圆周长率为 3 的认识.)

这是刘徽指出前人之说,并对其做初步的论说 —— 使用出入相补原理的论说(图 4-5). 将圆内接正 6 边形的周长作为圆周长,正 12

边形的面积作为圆面积，用出入相补原理证明《九章算术》中的圆面积公式.将圆内接正12边形分割成Ⅰ、Ⅱ、Ⅲ、Ⅳ、Ⅴ及1、2、3、4、5、6、7、8、9、10、11，共16部分，使Ⅰ、1不动，而将Ⅱ～Ⅴ及2～11分别移到Ⅱ′、Ⅲ′、Ⅳ′、Ⅴ′及2′～11′处，就成为以r为广、以正6边形周长之半为纵的长方形.这是对出入相补原理的进一步应用.我们可以看到，刘徽把这个原理当作一个基本的证明原理，几乎在“方田”章的每种图形面积算法的证明中都使用了.

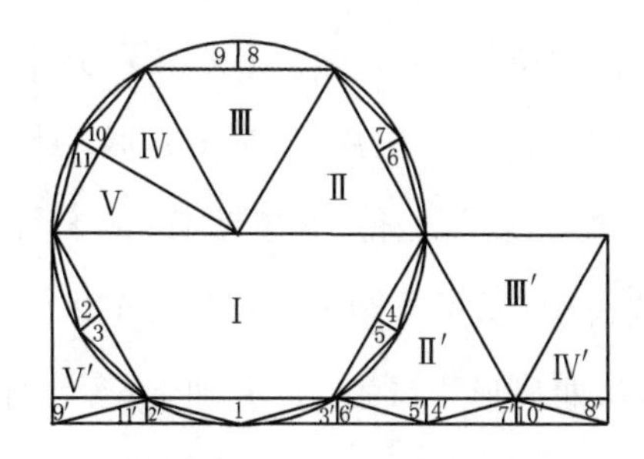

图 4-5　圆的出入相补原理图

3. 对“开方术”的解释

刘徽对《九章算术》“少广”章“开方术”的注解是出入相补原理的一个出色的运用，由这个运用得到了非常现代的数学结果.

原文以及注文①如下：

开方（求方幂之一面也.）术曰：置积为实.借一算，步之，超一等.（言百之面十也，言万之面百也.）议所得，以一乘所借一算为法，而以除.（先得黄甲之面，上下相命，是自乘而除也.）除已，倍法为定法.（倍之者，豫张两面朱幂定袤，以待复除，故曰定法.）其复除，折法而下.（欲除朱幂者，本当副置所得成方，倍之为定法，以折、议、乘，而以除.如是当复步之而止，乃得相命.故使就上折下.）复置借算，步之如初，以复议一乘之，（欲除朱幂之角黄乙之幂，其意如初之所得也.）所得副以加定法，以除.以所得副从定法.（再以黄乙之面加定法者，是则张两青幂之袤.）复除，折下如前.

用图 4-6 来解释刘徽的注文.

① 刘徽的注文用括号内的文字表示.

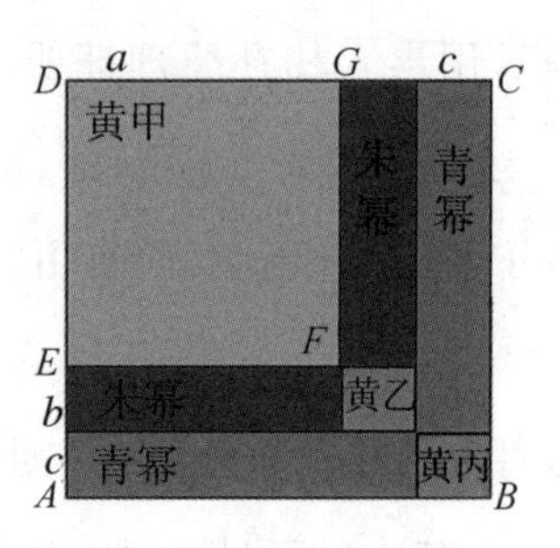

图 4-6　刘徽的注文解释图

设 N 的平方根有 3 位数，且 $\sqrt{N}=a+b+c$，其中 $a=100a_1$ 是百位数，$b=10b_1$ 是十位数，c 是个位数. N 是正方形 $ABCD$ 的面积. 开方时，先估计根的百位数 a，就是先得“黄甲之面；上下相命，是自乘而除也”，就是从 N 中减去 a^2（黄甲），剩下曲尺形 $EABCGFE$.

再求十位数 b，从曲尺形中减去 $2ab$ 并加上 b^2. 为什么是减去 $2ab$? 因为“倍之者，豫张两面朱幂定袤，以待复除”，就是减去两面朱幂——以 $2a+b$ 为长，以 b 为宽的矩形，但是图 4-6 中“黄乙”的部分在 $2ab$ 中有重复，减了两次，所以还要加上 b^2 即黄乙.“欲除朱幂者，本当副置所得成方，倍之为定法，以折、议、乘，而以除. 如是当复步之而止，乃得相命. 故使就上折下.”

再求个位数 c，从曲尺形中减去 $2(a+b)c$ 并加上 c^2（就是两个“青幂”的面积，c^2 是黄丙），即“再以黄乙之面加定法者，是则张两青幂之袤.”正好减尽. 如位数不止 3 位，可以按上述操作继续做下去.

开方术的这个算法，特别是运筹方式，与现代笔算的开平方法完全一致. 下面以求解 $x^2=55225$ 为例. 先看一下现代笔算的简式：

```
       1  2  3
     √5′ 52′25
       4
    ┌──────────
 43 │ 1 52
    │ 1 29
    └──────────
465  │ 23 25
     │ 23 25
     └─────────
              0
```

为了与刘徽的注文相对照，下面列出各步的详细算法：

	$(a+b+c)$	
	$200+30+5$	
	5 52 25	N
$(a\times a)=200\times200=$	4 00 00	
	1 52 25	$(N-a^2)$
$2(a+b)b=(2\times200+30)\times30=$	1 29 00	
	23 25	$[N-(a+b)^2]$
$[2(a+b)+c]c=(2\times230+5)\times5=$	23 25	$[N-(a+b+c)^2]$
	0	

进一步与前面的运筹解释相对照，就可以发现一致性．这两个算式中的数与运筹过程中的数竟然完全一致——每一步都一致（第一步减去40000余15200，第二步减去12900余2325，第三步减去2325完成，这些数据以及处理方法是完全一致的），从而说明算法的一致性．

而按前面的解释图，实际上刘徽是通过图形的拼补过程来论证开方术的合理性的，这是他对出入相补原理的一个运用，同时也反映了他的数形结合思想——用图形的拼补来解释数的运算．

4．“化圆为方”问题

利用刘徽原理可以证明多面体的体积公式，或者更一般地说，可以解决多面体的体积问题．那么旋转体的体积，即涉及圆形截面的几何体的体积问题如何解决？也就是如何论证前面举出的那些圆堢壔、圆亭、圆锥的体积公式呢？

看一下刘徽关于圆堢壔体积算法的注文：

此之圆幂亦如圆田之幂也．求幂亦如圆田，而以高乘幂也．

关于圆亭体积算法的注文：

从方亭求圆亭之积，亦犹方幂中求圆幂．乃令圆率三乘之，方率四而一，得圆亭之积．前求方亭之积，乃以三而一；今求圆亭之积，亦合三乘之．二母既同，故相准折，惟以方幂四乘分母九，得三十六，而连除之．

这两段注文的意思都是一样的，就是怎样“化圆为方”：把底面圆的问题转化成这个圆的外切正方形的问题，从而把圆堢壔的体积转化成已经解决了的方堢壔的体积问题，把圆亭和圆锥的问题转化成方亭和方锥的问题．然后利用比率：

圆周长：外切正方形周长

= 圆面积 : 外切正方形面积

= 圆柱体积 : 外切方柱体积

= π : 4

就可以反过来由方求圆. 在前面的注文中,刘徽先解决《九章算术》原文以 $\pi = 3$ 发生的计算公式的问题. 上述比值"简化"为 3 : 4,上面的注文就可以理解了.

从这点看,刘徽已经非常熟练地运用我们指出的"方田"章中的"圭田术"注中提出的出入相补原理.

4.5 不同数学思想对问题的解决与比较

中国古代数学和古希腊数学都是古代社会中产生的非常有特色的数学,特别是对于两种数学思想最初的系统化表述成果的《九章算术》和《几何原本》,人们认为它们是现代数学思想取之不尽的源泉. 对它们的比较则是数学史研究和数学文化研究的有趣的课题,下面对《几何原本》和《九章算术》中处理同样的数学问题的方式、方法 —— 它们反映了相应的数学思想 —— 进行比较.

1. 求长方体的体积

(1)《九章算术》的方法

"商功"章第 8 题为:

今有方堢壔,方一丈六尺,高一丈五尺,问积几何?

答曰:三千八百四十尺.

术曰:方自乘,以高乘之,即积尺.

(2)《几何原本》的方法

在《几何原本》中没有求面积和体积的命题,所探讨的是等积或体积成比例的问题,但在第 7 卷的定义中有:

三数相乘得出来的数称为体,其三边就是相乘的三数.

"体"的英文为"solid",即"立体"之义. 所以实际上,《几何原本》是用定义的方式给出了长方体体积的求法.

《九章算术》和《几何原本》对长方体体积的表述有重要的相同

点:都认为方体体积是展开数学内容的出发点,而不是论证或推导的结果,所以都是以公理形式给出的.但具体的给出方法却表现出了数学思想以及数学表述体系结构和目标的不同.在《九章算术》中是以一个算法的形式给出的,表现侧重点是求出具体的数据,因而是以实用为目标的;在《几何原本》中则以定义—公理—公设的形式出现,意在得出一个普遍陈述(逻辑前提),以作为此后证明的出发点,理论目标是十分明确的.

2.勾股定理

勾股定理是最著名的数学定理之一,在各国的古代文化中都有关于它的论述.人们甚至认为,这个定理有"宇宙的"普遍性,可以作为"智慧生命"的标志.例如,1820年,著名数学家C.F.高斯(C.F.Gauss,1777—1855)提出一个方案:在俄国西伯利亚森林区中设立一个如勾股图形的巨大图案,其中心区为一个直角三角形,用以种植小麦,紧邻它的三边上的正方形栽上枞树,这样"外星人"(如果有的话)用望远镜看地球时,就会了解到在我们的星球上存在着一个理解了勾股定理的智慧生物种族,而能够观察到我们的外星人也一定认识到了勾股定理,否则他们就无法制成望远镜.

勾股定理是指直角三角形三条边长的关系,或三条边上作的正方形之间的关系,或正方形面积之间的关系.在中国称为勾股定理,因为中国古代称两条直角边为"勾"和"股";在西方则称为毕达哥拉斯定理,认为是毕达哥拉斯(Pythagoras,约前580—前500)发现的.《几何原本》收入了这一定理,作为第1卷的命题47:

在直角三角形中,直角所对的边上的正方形等于夹直角两边上的两个正方形的和.

《九章算术》中这一定理是用一个"术"——算法——表述的,在其"勾股"章开头有:

勾股术曰:勾、股各自乘,并,而开方除之,即弦.

两者有极大的统一性或共性:都是对直角三角形性质的深入认识,而且是对直角三角形内在的量的关系的认识.

这两种表述又有极大的不同,《几何原本》是以命题的形式引入的,实际上进行了证明,其证明的命题表述为如下形式:

设 ABC 是直角三角形,已知角 BAC 是直角.则可证 BC 上的正方形等于 BA、AC 上的两个正方形的和.

这是一个典型的逻辑证明(图 4-7).证明的是直角三角形三条边上的正方形的关系.

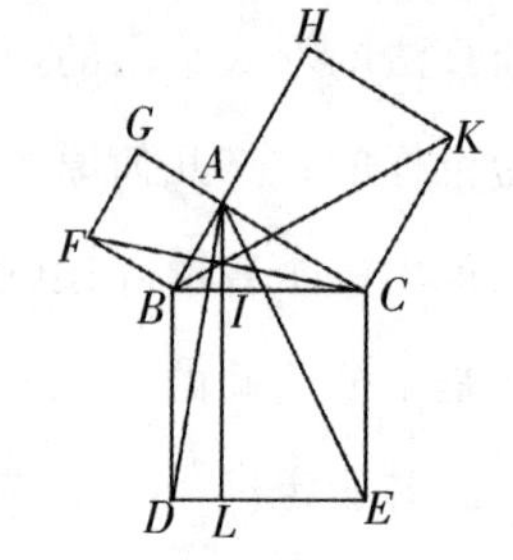

图 4-7　勾股定理的证明图

《九章算术》给出的是一个算法,利用它可进行有关勾股定理的计算.计算的是直角三角形的三条边边长之间的关系.这种算法可用于各个领域,《九章算术》中就把它用于建筑、测量等方面.

这种对相同问题的不同处理方式表现出了理论化方式和实用化方式的不同之处,其最根本的不同应表现在目的方面:理论化的数学知识系统化目标在于数学知识自身,或者说在于理论思维的自身,而实用化的数学知识系统化目标在于数学知识之外 —— 要求数学的实用性.

3. 圆周率的求法

(1) 刘徽的做法

刘徽要证明的命题是一个“术”,即《九章算术》中的“圆田术”:“半周半径相乘得积步”,即圆面积等于圆的半周长和半径的乘积.刘徽的证明方法称为“割圆术”,即从圆内接正 6 边形开始,每次把边数加倍,用勾股定理,求出正 12 边形、正 24 边形 …… 每边的长,边数越多,正多边形与圆越接近.这个证明真正运用了极限思想,并把圆作为正多边形的极限.

(2) 阿基米德的做法

古希腊数学中的圆周率是由阿基米德(Archimedes,前287—前212)证明的.阿基米德的圆周率求法是证明如下 3 个命题:

命题 1　圆的面积等于一个以其周长及半径作两个直角边的直角三角形的面积.

命题 2　圆面积与外切正方形面积之比为 11 : 14.

命题 3 圆的周长与直径之比小于$\frac{22}{7}$而大于$\frac{223}{71}$.

图 4-8 是阿基米德对命题 1 的证明：

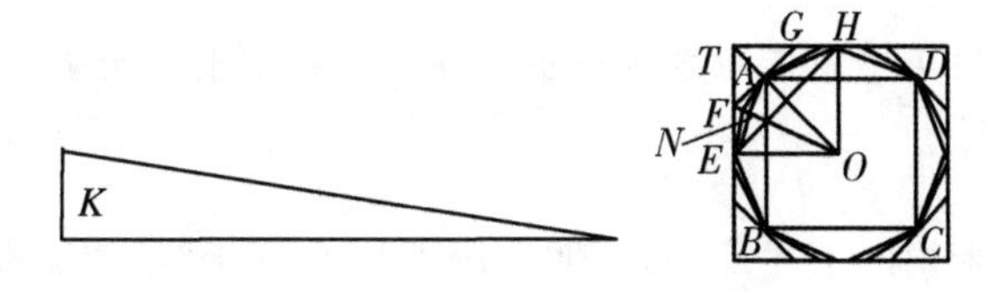

图 4-8 阿基米德的证明图

设 $ABCD$ 为给定的圆，K 为满足条件的三角形(其面积为 K).

若圆面积不等于 K，那么圆面积不是大于 K，就是小于 K.

Ⅰ. 假设圆面积大于 K.

作圆内接正方形 $ABCD$，等分圆周为 4 个相等的弧，然后再等分这些弧的一半，如此继续下去，直到得到这样一个多边形，使圆与它之间的部分(若干个全等的小弓形)，比圆面积与 K 的差要小.

这就是说该多边形的面积大于 K.

K 的高 AE 是该多边形的一边，ON 是边心距.

显然 ON 小于圆的半径(K 的一直角边)，同时多边形的周长也小于圆周(K 的另一直角边).

那么多边形的面积小于 K，导致了矛盾.

因而圆面积不可能大于 K.

Ⅱ. 假设圆面积小于 K.

作圆的外切正方形，等分每相邻两切点(如 E、H) 间的弧并由分点(如 A) 作切线.

因为 $\angle TAG$ 为直角，所以 $TG > GA = GH$，则 $\triangle FTG$ 大于四边形 $TEAH$ 的一半.

类似地，如果平分 AH 并过分点作切线，则可从 $\triangle GAH$ 中截去一个大于相应四边形之半的三角形.

继续这一过程，我们将得到这样一个多边形，它和圆之间的部分(若干个全等的曲边三角形) 比 K 与圆的差要小.

这就是说该多边形的面积小于 K.

另一方面，因为多边形的边心距等于圆的半径，周长大于圆周，所以该多边形的面积大于 K，又出现了矛盾.

因而圆面积不可能小于 K.

既然证明了圆面积不可能大于 K，也不可能小于 K，那么圆面积等于 K.

阿基米德的上述证明，证明了圆面积 S 等于“给定”的量 —— 三角形面积 K. 按圆内接正多边形和外切正多边形的性质，构造出两个序列：一个是圆内接正多边形的面积序列 $\{I_n\}$，另一个是圆外切正多边形的面积序列 $\{J_n\}$，显然应有

$$I_n < S < J_n，且\ I_n < K < J_n$$

用双归谬法证明 S 不大于 K，也不小于 K，于是有 $S = K$. ①

(3) 刘徽的做法与阿基米德的做法比较

刘徽和阿基米德得到的结果在现代看来是基本一致的，都是得到了“圆的面积等于半周长与半径的乘积”这样一个命题，但又有很大的差别.

其一，刘徽是用一个算法表述的，因此他的证明除文字表述之外还必须给出一定的数据. 当他设半径为 1 时，得出了 $S = \pi r^2 = \pi$，求出了圆周率. 这个算法在解决实际问题时成为模型. 阿基米德采用了演绎证明的方式，证明了这样一个抽象的命题 —— 圆的面积等于半周长与半径的乘积，因为他是通过一个直角三角形作中介的，更合乎于欧几里得关于形的拼补无须通过具体的面积数据的思想.

其二，刘徽的方法更具有实用意义，因为给出了具体的数据，特别是具体的算法，可用于计算任何同类的问题. 他利用算法做了多位数的计算，且使用了十进分数(小数，刘徽称之为微数)，表明算法化思想得到了深入发展. 阿基米德的方法则是一个严格的论证 —— 引用了

---

①这里实际上用的是“穷竭法”，所谓穷竭法是一种不涉及无穷分割的方法，其做法是：为证明一个几何量(面积、体积等)S 等于一个给定的量 C，利用图形的几何性质，以分割法构造出两个序列 $\{L_n\}$ 和 $\{U_n\}$，使得对所有的 n，都有 $L_n < S < U_n$，且 $L_n < C < U_n$，然后证明：当给定 $\varepsilon > 0$，对足够的 n，有 $U_n - L_n < \varepsilon$. 或证明：当给定 $a > 1$，对足够大的 n，有 $(U_n/L_n) < a$. 无论哪种情况，最后都用双归谬法证明 $S = C$.

欧几里得《几何原本》的命题,进行了逻辑相当严格的推导.两者的出发点和目标显然是不同的.

其三,刘徽自如地使用了极限概念,体现了中国古人辩证和直观的思维特征,不存在是否理论自洽的问题,只要是能够得出成功地用于实际的方法就是合理的,所以虽然没有严格论证,但是可以使用.阿基米德则保持《几何原本》的排除实无限的严格证明观点,用穷竭法避开无限分割的问题,他也的确做到了这一点.

命题3也很说明问题.关于圆周率的值,刘徽在计算之始是不知道的,是通过其他可测量的原始数据(直径)得出来的.而对于阿基米德来说,必须先有一个命题,先得出圆周率的范围再来证明,仅从命题1的证明无法得出圆周率.作为目标来说,阿基米德要得出的是两个几何量的比例范围,而不是具体的可用的圆周率的数据——这个率是一个不可公度量,也是他不承认的.可见阿基米德充分发扬了欧几里得《几何原本》的精神,似乎也正因如此,对不能由公理和已证命题推导出来的命题2也只好作为公理形式提出而不证明了(据说是用实验方法得到的).

可见刘徽的数学思想是《九章算术》的特点——实用性体系、算法化内容、模型化方法——的深入发展,但是增加了理论化、逻辑化思想成分;阿基米德的数学思想则正是《几何原本》的特点——理论性体系、抽象化内容、公理化方法——的深入发展.应该说这两方面就是整个中国古代数学和古希腊数学各自数学思想的体现.

五　数学思想的持续发展

我们从数学名著中典型的数学思想、数学名家的数学思想和独特的数学教育三个方面考虑数学思想的持续发展.

5.1　数学名著中典型的数学思想

自汉代至唐代传世的数学著作主要有《算经十书》,现传本《算经十书》是宋刻本,计有《周髀算经》《九章算术》《海岛算经》《孙子算经》《五曹算经》《夏侯阳算经》《五经算术》《张丘建算经》《数术记遗》《缉古算经》等.前两部著作前面已有介绍,以下主要介绍后面的八种著作.

1.《海岛算经》

《海岛算经》由刘徽著,原来是为《九章算术》作的注的第十卷"重差".刘徽在《九章算术注》的序文中,对"重差术"做了大量的论述,他对这一数学创新是十分满意的.《海岛算经》在唐代脱离《九章算术》成为一部单独的著作,本来也有刘徽自己的注文,后来注文遗失,只有9个问题的问、答、术流传下来,因其第一句话"今有望海岛"而得名.《海岛算经》的主要内容是推广"勾股测量法",创建"重差术",为中国古代的测量技术的发展打下基础.第1题为:

今有望海岛,立两表齐高三丈,前后相去千步,令后表与前表参相直.从前表却行一百二十三步,人目着地,取望岛峰,与表末参合.从后表却行一百二十七步,人目着地取望岛峰,亦与表末参合.问岛高及去表各几何?

答曰：岛高四里五十五步①.

如图5-1所示，IS 表示望海岛，立两表 FD，CA 与 IS 对齐，$FD = CA = h = 3$(丈) $= 5$(步). $CF = AD = d = 1000$(步)，$EF = b = 123$(步)，$BC = 127$(步). 求海岛高 $x + h$ 与前表 FD 与海岛的距离 y.

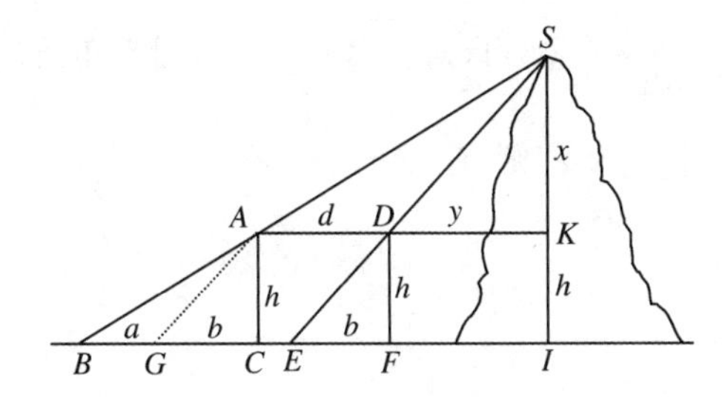

图5-1　望海岛图

作 $AG \parallel DE$，则 $GC = EF = b$，又 $\triangle ABC \backsim \triangle SAK$，$\triangle AGC \backsim \triangle SDK$，于是

$$\frac{KS}{CA} = \frac{x}{h} = \frac{AD}{BG} = \frac{d}{a}, \quad x = \frac{hd}{a}$$

海岛高

$$IS = \frac{hd}{a} + h, \quad \frac{DK}{GC} = \frac{y}{b} = \frac{AD}{BG} = \frac{d}{a}, \quad y = \frac{bd}{a}$$

术曰：以表高(h)乘表间(d)为实，相多(a)为法，除之. 所得加表高，即得岛高(IS). 求前表去岛远近者，以前表却行(b)乘表间(d)为实，相多(a)为法，除之，得岛去表里数.

$$\begin{aligned} IS &= \frac{hd}{a} + h = \frac{5 \times 1000}{127 - 123} + 5 \\ &= 1255(\text{步}) = 4(\text{里})55(\text{步}) \\ y &= \frac{bd}{a} = \frac{123 \times 1000}{127 - 123} \\ &= 30750(\text{步}) = 102(\text{里})150(\text{步}) \end{aligned}$$

因为用了两个差数(a 和 d)，所以该方法叫重差术. 这里表述的方法是相当具有创造性的测量方法，显然是在实际测量的基础上得到的. 但是本题却显然不是“实际测量”的问题，是实际测量问题理想化

①1里 = 300步，1步 = 6尺. 注意，与《九章算术》中所说的1步等于5尺不同.

的产物.因而也是刘徽的系统证明思想的产物,即逻辑推导的产物.因为地球表面不是一个平面,在球面上能看多远,与球面的半径有关,地球上几十米、上百米的距离可以作为平面来考虑,在此题所说的上百里,换成今天的数据,就是说这是测量44千米之外的岛的高度,占到地球大圆的$\frac{44}{40000}=0.0011$,对应着$0.40°$的圆心角.设在地平线下的高度为x,地球半径为r,则有

$$\frac{r}{r+x}=\cos 0.40°$$

则

$$\begin{aligned}x&=\frac{r}{\cos 0.40°}-r\\&=0.000024r=0.000024\times 6400\text{千米}\\&=0.1536\text{千米}=124.4\text{步}\end{aligned}$$

即由地球球面造成的测量误差就达到了9.9%.

此外,在50千米的距离上用简单的目测法进行距离测量,测量误差也将非常大,一般不大可能在这么大的距离上使用目测法测量距离.直到现在也不在数十千米的距离上使用目测法测量高度和距离.刘徽自己也不会去测量那么远的事物.如果真的测量过那么远的山高,很有可能会发现球面误差.所以用这样的数据应该说是出自对测量的理想化——表明自己的这种重差法可以测量任意远的事物.

《海岛算经》其他8问的数据从1丈2尺到4里55步,都是目测法可以接受的数据,对比之下更看出第一问的理想化性质.

古人也隐约地指出这一点.宋代杨辉《续古摘奇算法》卷下的"度影量竿"问的"海岛题解"指出:

海岛去表为之篇首,因以名之.实《九章》"勾股"之遗法也.迨今千余载间,唐李淳风而续算草,未闻解白做法之旨者.辉尝置海岛小图于座右,乃见先贤做法之万一.若欲尽传,岂不轻易秘旨;或不传流,亦无以申前贤之美.本经题目广远,难于引证,学者非之.

"题目广远,难于引证,学者非之"是很中肯的评语.但是杨辉也

的确体悟了刘徽的理想化的意义，即所谓“前贤之美”，正是为传前贤之美，为解决重差测量的问题，杨辉设计了一个高 40 尺、远 25 尺的竿的问题. 历来人们特别是现代学者都认为杨辉对海岛问题的解释是最为得当的. 可见他的确理解了刘徽逻辑推导的思想.

《海岛算经》把“重差法”发挥到了极点，它的测量思想和具体的方法，甚至达到或者超越了欧洲十六七世纪的测量技术，美中不足的是缺乏角度概念，因此在计算的一般性上要逊色一些.

2.《孙子算经》

《孙子算经》可能作于公元 400 年前后. 全书分为三卷.

在该书的“序”中表述了如同刘徽的“万物皆数”的数学观，继承了《周易》之后的数学观传统，不过表述得更为细致一些.

卷上内容为筹算制度及方法、度量衡的制度. 前面说的关于算筹的排法和运筹方法，现在仅见于《孙子算经》.

卷中内容为分数应用题，包括面积、体积、等比数列等，大致不出《九章算术》范围的“实用问题”.

卷下的第 31 题是“鸡兔同笼”问题，它是后来各种“鸡兔同笼”问题的来源.

第 26 题“物不知数”问题为：“今有物不知其数，三三数之剩二；五五数之剩三；七七数之剩二. 问物几何？答曰：二十三.”此题是著名的“大衍求一术”乃至“中国剩余定理”的起源，也是中国古代数学中最具创造性的成果之一.

《孙子算经》同时给出求解的“术”(算法). “术”当然正确，但又引出其他问题，引起人们不断的探讨，直到宋代秦九韶(1247 年)才给出比较合理的解.

用现代数学语言表述，则是求数 x，使得

$$x \equiv 2 (\mathrm{mod}\ 3) \equiv 3 (\mathrm{mod}\ 5) \equiv 2 (\mathrm{mod}\ 7)$$

《孙子算经》一书中该题的术文给出解法：

$$x = 70 \times 2 + 21 \times 3 + 15 \times 2 - 2 \times 105 = 23$$

其中关键是“术”文直接给出这 3 个数：70(对于 3)、21(对于 5)和

15(对于 7),没有说明来源 —— 它们就是后来秦九韶说的“乘率”. 对这个解法,民间有别称:秦王暗点兵、韩信点兵、剪管术、孙子算、鬼谷算、隔墙算、隔壁笑等. 求解的关键是记住这 3 个数,于是人们用“歌诀”的形式帮助记忆. 周密《志雅堂杂钞》记载:

三岁孩儿七十稀,
五留廿一事尤奇.
七度上元重相会,
寒食清明便得知.

暗指对 3 来说取 70,对 5 来说取 21,对 7 来说取 15(上元节正月十五),寒食清明的意义在于从元宵节到清明正好是 105 天.

褚人获《坚瓠集》内引《挑灯集异》歌诀:

三人逢零七十稀,
五马沿盘廿一奇.
七星约在元宵里,
一百零五定为除.

意义是一样的.

推广《孙子算经》问题的解法,我们有中国剩余定理.

设

$$(m_i, m_j) = 1(1 \leqslant i < j \leqslant n), M = m_1 m_2 \cdots m_n$$

则同余式组

$$x \equiv r_i (\bmod m_i)(i = 1, 2, \cdots, n)$$

的解为

$$x \equiv \sum_{i=1}^{n} k_i \frac{M}{m_i} r_i (\bmod M)$$

其中 k_i 满足

$$k_i \frac{M}{m_i} \equiv 1(\bmod m_i)(i = 1, 2, \cdots, n)$$

这里 m 称为“定母”,M 称为“衍母”,$\frac{M}{m_i}$ 称为“衍数”,k_i 称为“乘率”. 关键在于乘率的求法,宋代秦九韶解决了求乘率的问题.

3.《五曹算经》

《五曹算经》的作者和著作年代没有记载."曹"是中国古代官府里的办事机构,类似现代的"处""科"之类.《五曹算经》五卷各为一"曹",如第一卷"田曹"、第二卷"兵曹"、第三卷"集曹"、第四卷"仓曹"、第五卷"金曹".每卷的内容主要涉及有关的曹属管理人员能够见到的、需要计算解决的问题,可能为各种曹属官员使用的"管理"用数学教科书或数学手册,具有典型的实用体系.微观结构与宏观结构都与《九章算术》相似,问题则浅显得多(从数学的角度看).

4.《夏侯阳算经》

《夏侯阳算经》成书可能在5世纪,成书于《孙子算经》之后、《张丘建算经》之前.原书已佚,现传本是唐代《韩延算术》.宋代重订《算经十书》,以此书作为《夏侯阳算经》,也就以此名流传下来.全书分为3卷.

其中卷上"明乘除法"使用了十进分数(小数),其中有"十乘加一等,百乘加二等,千乘加三等,万乘加四等",可解释为$10=10^1$,$100=10^2$,$1000=10^3$,$10000=10^4$.又有"十除退一等,百除退二等,千除退三等,万除退四等",可解释为$1/10=10^{-1}$,$1/100=10^{-2}$,$1/1000=10^{-3}$,$1/10000=10^{-4}$.当然不是唯一性解释,也可能不过是向左向右移动算筹的操作,待考证,但这些内容说明《夏侯阳算经》使用了十进分数.

5.《五经算术》

《五经算术》由甄鸾著,是对古代经典(例如五经)的注解中有关的数据计算方式、方法作以解说,主要涉及历法礼仪、乐律等方面,没有算题.但是书中的注解仍以算法给出,表现出实用的广泛性.例如:

求十九年七闰法:置一年闰十日,以十九乘之,得一百九十日.又以八百二十七分,以十九年乘之,得一万五千七百一十三.以日法九百四十除之,得十六日,余六百七十三.以十六加上日,得二百六日.以二十九除之,得七月,余三日.以法九百四十乘之,得二千八百二十.以前分六百七十三加之,得三千四百九十三,以四百九十九命七月分之,适尽.是谓十九年得七闰月,月各二十九日、九百四十分日之四百九十九.

这是按《四分历》求十九年七闰的具体算法. 解释如下：四分历一回归年为 $365\frac{1}{4}$ 日，一朔望月为 $29\frac{499}{940}$ 日. 12 个朔望月为 $354\frac{348}{940}$ 日. 所以一年闰 $365\frac{1}{4}-354\frac{348}{940}=10\frac{827}{940}$ 日，19 年共闰 $10\frac{827}{940}\times 19=206\frac{673}{940}$ 日，因而就是闰 $206\frac{673}{940}\div 29\frac{499}{940}=7$(月)，所以 19 年闰 7 个月.

从数学的角度看，此计算表述有一个特点：以整数的加减乘除表述分数的运算，表述的其实是运筹的过程 —— 筹的个数只可能是整数，每次移动的只能是整数个筹.

6.《张丘建算经》

《张丘建算经》可能是在 430 年前后成书的.

《张丘建算经》中最有名的问题就是"百鸡术"—— 不定方程问题的又一经典例子. 此书中还第一次给出多组解(三组解).

其卷下第 38 题：

今有鸡翁一，值钱五；鸡母一，值钱三；鸡雏三，值钱一. 凡百钱，买鸡百只. 问鸡翁、母、雏各几何？答曰：鸡翁四，值钱二十；鸡母十八，值钱五十四；鸡雏七十八，值钱二十六. 又答：鸡翁八，值钱四十；鸡母十一，值钱三十三；鸡雏八十一，值钱二十七. 又答：鸡翁十二，值钱六十，鸡母四，值钱十二；鸡雏八十四，值钱二十八.

设公鸡 x 只，母鸡 y 只，小鸡 z 只，则

$$\begin{cases}5x+3y+\frac{1}{3}z=100\\x+y+z=100\end{cases}$$

这是不定方程.《张丘建算经》给出了 3 组解：

$$\begin{cases}x=4\\y=18,\\z=78\end{cases}\quad\begin{cases}x=8\\y=11,\\z=81\end{cases}\quad\begin{cases}x=12\\y=4\\z=84\end{cases}$$

这是第一个给出不定方程多组解的著作. 原书没有给出解法，但是有从一组解推出其他解的方法："术曰：鸡翁每增四，鸡母每减七，鸡

雏每益三,即得.”公鸡4只共值钱20,母鸡7只值钱21.如少买7只母鸡,就可以多买4只公鸡和3只小鸡.

《张丘建算经》的其他成就有:在中国最早提出最大公因数和最小公倍数的概念;等差级数的新发展,如已知首项、末项和项数,求级数和,以及反过来求项数,等等.

7.《数术记遗》

相传是汉末的徐岳(公元二三世纪)著,甄鸾校.书中列出了14种记数法和计算法.书中的计算工具包括著名的筹算和珠算,但珠算与现代认识差别较大.有一种记数方法与现代的大数记法相当一致(以万为单位).

8.《缉古算经》

《缉古算经》由唐代王孝通著.全书共20问,主要是体积计算和勾股定理的应用问题,多数问题用到了3次方程.

在《缉古算经》前面有王孝通的一篇“上缉古算经表”,说明是请皇帝批准颁行本书的.这个“上缉古算经表”非常明确地表明中国古代社会的政治结构中,皇帝是最高统治者,也是最高的学问家,即使是科学著作也需要皇帝的批准才可以发表.“上缉古算经表”中的说法继承了《周易》、刘徽、《孙子算经》的“万物皆数”的数学观.

书中列出了3次方程,提出开带从立方(解带有未知数二次项、一次项或其一的一元三次方程)的要求,但没有列方程的方法,也没有具体的“开带从方”的方法,“术”是对列方程的表述.术语、结构形式都与《九章》相同,并采用了《九章》及其刘徽注的成果.

书中的第15题为:

假令有勾股相乘,幂七百六、五十分之一;弦多于勾三十六、十分之九.问三事各多少?

答曰:勾十四、二十分之七;股四十九、五分之一;弦五十一、四分之一.

术曰:幂自乘,倍多数而一,为实.半多数为廉法、从.开立方除之,即勾.以弦多数加之即弦.以勾除幂即股.(勾股相乘幂自乘,即勾幂乘股幂之积.故以倍勾弦差而一,得一勾与半差相连,乘勾幂为方.故半差为廉法、从，开立方除之.）

按术文，可列出如下3次方程求解：

$$x^3+\frac{c-a}{2}x^2=\frac{(ab)^2}{2(c-a)}$$

其中$c-a$和ab为已知，解方程求出的正根就是a，加$(c-a)$得c，除ab得b.

5.2 数学名家的数学思想

中国古代产生了许多数学名家.由于中国古代数学与历法编算有密切的关系，因而几乎所有的中国古代数学家都做过历法编算的工作.他们的数学思想对中国古代数学发展起到了指导的作用.这一时期主要的数学名家有赵爽、祖冲之父子、刘焯和一行.

1. 赵爽

赵爽，字君卿，汉末三国初吴国人（公元3世纪），仅知注过《周髀算经》，其他情况尚无考证.《周髀算经》现在的流传本即他的注本，其中的“勾股圆方图”注是赵爽的重要数学成果.赵爽用“出入相补原理”即用图形法证明了勾股定理.与刘徽一样，赵爽采用图形拼补的“证明”，有圆方图的说明，但并非逻辑严谨的证明.另一成果是给出二次方程求解公式，与刘徽的工作也有一致性.

（1）勾股定理的证明

赵爽给出的勾股定理的证明如下：

勾股各自乘，并之为弦实.开方除之，即弦.按弦图又可以勾、股相乘为朱实二，倍之为朱实四，以勾股之差自相乘为中黄实.加差实一，亦成弦实.

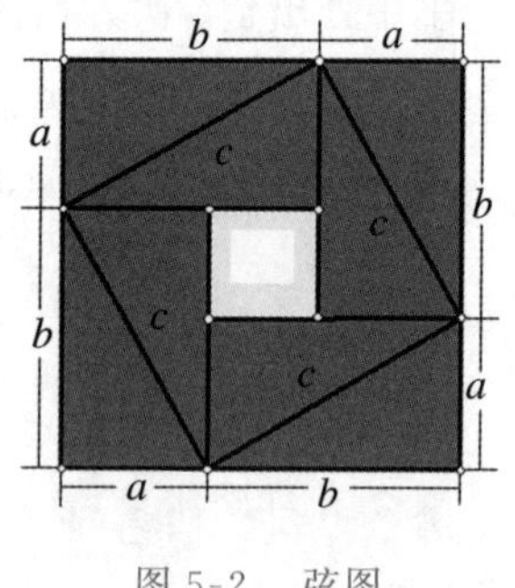

图5-2　弦图

如图5-2所示，以勾、股相乘，其积表示一个矩形，称为“朱实”.以勾股之差自乘，其积表示一个小正方形，称为“中黄实”.以两个“朱实”加上一个“中黄实”就得到“弦实”——弦的平方，就是四边都是c的正方形.

用现代数学语言并结合图形，可以把赵爽的话表示为如下式子：

$$2ab+(b-a)^2=c^2$$

化简得

$$a^2 + b^2 = c^2$$

即勾股定理.

(2) 二次方程求解公式

赵爽给出了二次方程求解公式:

"其倍弦为广、袤合,令勾、股见者自乘为其实,四实以减之,开其余所得为差,以差减合,半其余为广,减广于弦,即所求也."

用现代数学语言可做如下解释:

设有一个矩形,长(x)、宽(y)之和是弦①(c)的 2 倍,即

$$x + y = 2c$$

令勾(a)或股(b)自乘作矩形的面积,

$$xy = a^2(\text{或 } b^2)$$

从和($2c$)的平方减去实(面积)的 4 倍($4a^2$),所得余数的平方根就是长与宽的差:

$$x - y = \sqrt{(2c)^2 - 4a^2}$$

从和($x + y$)减去差($x - y$),所得一半就是宽(y):

$$y = \frac{2c - \sqrt{(2c)^2 - 4a^2}}{2}$$

倍弦($2c$)减去宽,即得所求的长(x):

$$x = \frac{2c + \sqrt{(2c)^2 - 4a^2}}{2}$$

这相当于给出了一个二次方程

$$x^2 - 2cx + a^2 = 0$$

及其求根公式.这是中国古代数学史上一个重大成果.

2. 祖冲之父子

(1) 祖冲之其人

祖冲之(429—500),字文远,祖籍范阳遒县(今河北涞水)(图 5-3).

①这里的"弦"指某一常数,不是指该矩形的对角线.

图 5-3 祖冲之画像

为避战乱，祖冲之的祖父祖昌由河北迁至江南. 祖昌曾任南朝刘宋的“大匠卿”，掌管土木工程. 祖冲之的父亲也在朝中做官，学识渊博，受人敬重.

祖冲之生于建康(今江苏南京). 祖家历代都对天文历法素有研究，祖冲之从小就有机会接触天文、数学知识. 祖冲之在青年时代就博得了博学多才的名声. 祖冲之编制了《大明历》，首次引入岁差，其日月运行周期的数据比以前的历法更为准确.

祖冲之精通音律，擅长下棋，著述很多，甚至还写有小说《述异记》十卷，但大多都已失传. 500 年，祖冲之在 72 岁时去世.

祖冲之的儿子祖暅也是中国古代著名数学家，祖冲之的孙子祖皓也精通数学，他的家族五代通历算.

祖冲之的数学成就是：推算出圆周率的真值应该介于 3.1415926 和 3.1415927 之间. 这个“逼近度”，直到 15 世纪才被阿拉伯人所超越. 他算出来的圆周率的近似分数 $\pi=\frac{355}{113}$，后来被数学界称为“祖率”，西方人在 16 世纪才重新得到这个近似分数.

为纪念这位伟大的古代科学家，1967 年，国际天文学家联合会将月球背面的一座环形山命名为“祖冲之环形山”，将小行星 1888 命名为“祖冲之星”. ①

(2) 祖暅原理

《九章算术》“少广”章“开立圆术”是从“立圆”即球的体积求其直径的算法. 关键在于球的体积和直径的关系，其实这就是球的体积公式.

汉代以前，人们通过实际测量得到，直径为 1 的球与边长为 1 的正方体的体积之比为 9 ∶ 16，故得球体积近似公式：

---

①目前月球背面的环形山中，共有五座以中国人的名字命名，它们是石申环形山、张衡环形山、祖冲之环形山、郭守敬环形山和万户环形山. 前 4 位是中国历史上著名的天文学家. 万户则是明朝的一位官员，是世界上第一个以身尝试用火箭飞行的人.

$$V_{球} = \frac{9}{16}D^3$$

其中,D表示球的直径.《九章算术》所用的正是上述公式.刘徽指出其推导过程为:取球的外切圆柱,体积为$V_{柱}$.再取圆柱的外切正方体,体积为$V_{方}$.《九章算术》认为$V_{球} : V_{柱} = 3 : 4$,而$V_{柱} : V_{方} = 3 : 4$,所以有$V_{球} : V_{方} = 9 : 16$.于是

$$V_{球} = \frac{9}{16}V_{方}$$

正方体的边长就是球的直径,这里取$\pi = 3$,于是得到前面的公式.

刘徽指出这是不正确的.因为取$\pi = 3$时,只有当球与外切圆柱、圆柱与外切正方体的体积之比都是$\pi : 4$时,才能推出这个式子.显然,圆柱与外切正方体的体积之比是$\pi : 4$.问题是球与外切圆柱的体积之比是$\pi : 4$吗?为此,刘徽在正方体内作两个相互垂直的内切圆柱,他把它们的公共部分的立体称为"牟合方盖".刘徽认识到,球与这个"牟合方盖"的体积之比才是$\pi : 4$,即

$$V_{球} : V_{牟合方盖} = \pi : 4$$

这里刘徽运用了截面原理.而球的外切圆柱的体积显然大于牟合方盖的体积.因此利用《九章算术》中球体积近似公式算出的球体积值较真实值大(即使π取3,结果仍如此).

刘徽试图求出牟合方盖的体积以得到球的体积,可是正方体之内、牟合方盖之外的复杂立体把他给难住了,他因此功亏一篑,未能彻底解决球的体积的问题.他说:"欲陋形措意,敢不阙疑,以俟能言者."按《九章算术》的李淳风注,是200多年后的祖冲之和其子祖暅在刘徽基础上求得了牟合方盖的体积,从而彻底解决了球体积问题.

如图5-4所示,祖氏父子取球的外切正方体的八分之一部分(边长为球半径R的小正方体)$ABCD\text{-}A_1B_1C_1D_1$,其中所含八分之一牟合方盖部分$A\text{-}A_1B_1C_1D_1$称为内棋,其余三块称为外棋.在离底面$A_1B_1C_1D_1$任意高h处作平行于底面的平面,截内棋得一正方形(内棋中的阴影部分),其面积为$R^2 - h^2$,截三外棋得两长方形、一小正方形(外棋中的阴影部分),其面积总和为$R^2 - (R^2 - h^2) = h^2$,这恰好是底面边长和高

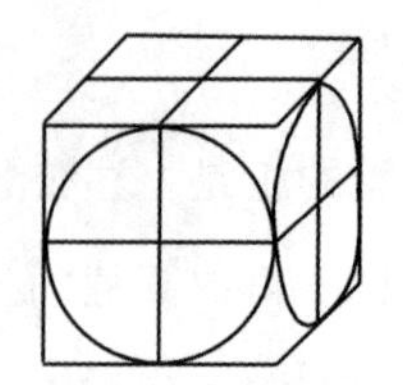

(a) 正方体内正交的圆柱，显然是等底、等高的

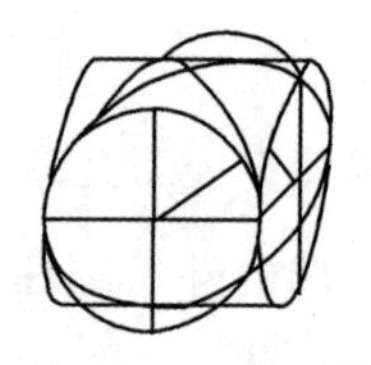

(b) 相交的部分为牟合方盖

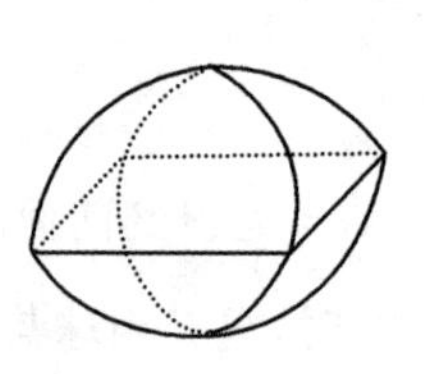

(c) 牟合方盖外形

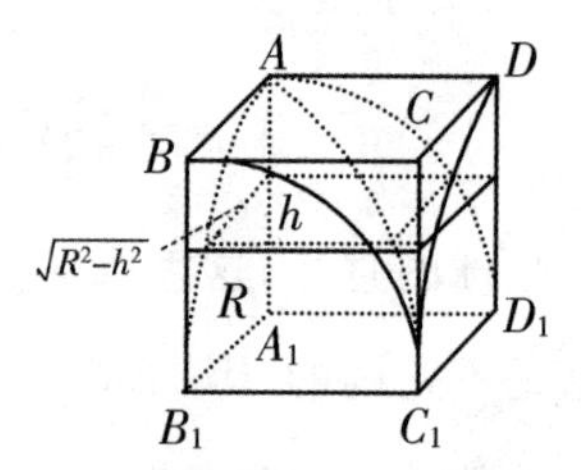

(d) 球的外切正方体的八分之一部分

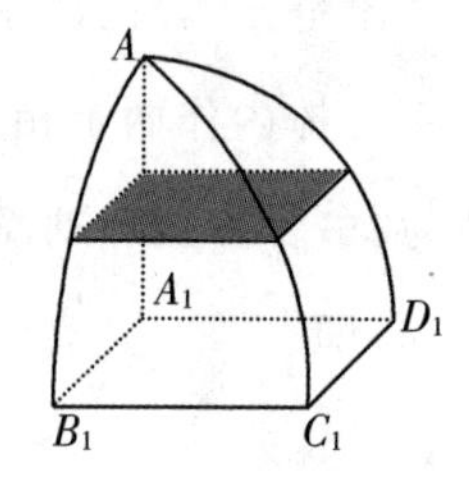

(e) 内棋

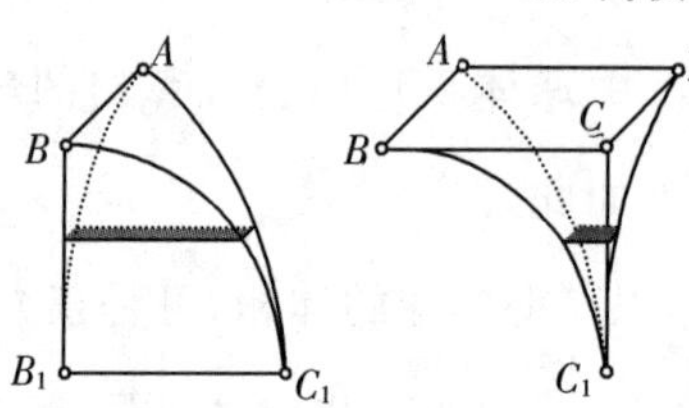

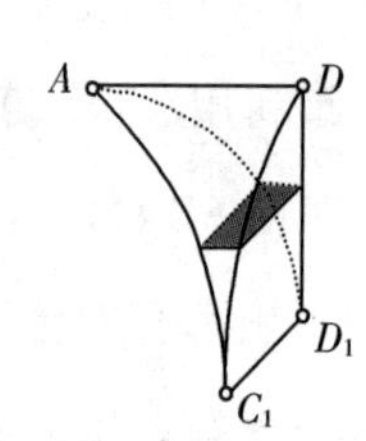

(f) 外棋

(g) 倒立的阳马

图 5-4

均为 R 的倒立阳马在同高处的截面面积. 由此可得

$$V_{外棋} = V_{阳马} = \frac{1}{3}R^3$$

从而

$$V_{内棋} = \frac{2}{3}R^3 \quad (D\text{ 为球的直径})$$

于是得

$$V_{牟合方盖} = 8V_{内棋} = \frac{2}{3}D^3$$

即得球体积公式

$$V_{球} = \frac{1}{6}\pi D^3$$

关于球的体积以及牟合方盖的体积计算,古希腊的阿基米德早已经得到了. 祖氏父子对数学最大的贡献不在这里,虽然这一成果在中国古代很有意义,特别是祖氏父子利用了出入相补原理得出来的. 祖氏父子具有世界历史意义的成果在于他们所提出的祖暅原理.

祖暅原理的内容是:"夫叠棋成立积,缘幂势既同,则积不容异." 按照现代的理解,其意思就是:夹在两个平行平面(等高)的立体,如果被平行于这两个平行平面的平面所截,截得的平面图形的面积常相等,则这两个立体的体积相等. 这是后来意大利人 B. 卡瓦列里(B. Cavalieri,1598—1647)得出的"卡瓦列里原理"的基本意思.

从现代分析数学的角度看,祖暅原理相当于得出:

设 $f(x) = g(x), a \leqslant x \leqslant b$,则

$$\int_a^b f(x)\mathrm{d}x = \int_a^b g(x)\mathrm{d}x$$

及

$$\int_a^b kf(x)\mathrm{d}x = k\int_a^b g(x)\mathrm{d}x$$

3. 刘焯

刘焯(544—610),字士元,信都昌亭(今河北省武邑县)人,隋朝著名的学者、天学学家. 583 年,刘焯作为早期的科举考试中式者得以

进入隋朝为官，后罢官回乡以教书为生，研究算术，编订的新历法《皇极历》虽未被采用，但主要内容为李淳风《麟德历》所用. 他对科学的贡献是把太阳视运动的不均匀性引入历法；数学上的贡献则是引入等间距二次插值公式，其基本要点与后来牛顿的插值公式颇为一致.

4. 一行

一行（683—727），魏州昌乐（今河南省南乐县）人，本名张遂，唐朝开国功臣张公谨的曾孙，精通天文数术. 后避难出走，705 年落发为僧，云游四海，于 727 年为玄宗编出《大衍历》. 其中提出了不等间距二次插值法，还领导了一次天文大地测量并得出子午线 1° 的长度.

一行的测量方法是在同一条子午线（东经 114°）上，从北纬 29° 到 52° 的范围内测量冬至日、夏至日、春分日和秋分日时 8 尺高的圭表的影长，目的是利用观测值和插值法计算其他各地的影长、昼夜长度. 按现代语言解释，一行实测得到的子午线每度长 122.8 千米，比现代测得的值多 11 千米，虽然不够精确，但却是世界上第一次子午线实测. 国外最早进行子午线实测的是阿拉伯的马蒙（al-Mamun，786—833）.

一行在《大衍历》中给出了一个晷影表，是以太阳的天顶距 α（中国古代叫"日躔"）而不是以纬度和日期为基础计算的. 这个表给出了天顶距从 1° 到 79° 之间每隔 1 度 8 尺高的圭表的影长值. 按现代语言解释，这是一张 $s(\alpha)=8\cdot\tan\alpha$ 的函数表，是世界上最早的正切表.

除了这两个成果之外，一行还有一个数学成果：在计算行星的经行度数时，在已知 n 日内共行度数 s、第一日经行度数 a，每日比前一日多行度数 d 的情况下，求日数 n 时，他用了公式

$$n=\frac{1}{2}\left[\sqrt{\left(\frac{2a-d}{d}\right)^2-\frac{8s}{d}}-\frac{2a-d}{d}\right]$$

这相当于二次方程

$$n^2+\frac{2a-d}{d}n=\frac{2s}{d}$$

的正根，开启了后来历法编算中高次函数法的先河.

5.3　独特的数学教育

隋唐时期，朝廷创办了数学专科教育，无论对于教育史还是数学史来说，这都是一件十分重要的事情.

1. 数学教育的需求

581 年，隋朝建立. 589 年，隋文帝统一全国. 经历了魏晋南北朝 300 多年的分裂战乱，至隋朝，中国又建立起大一统的封建专制主义国家. 隋朝虽短，却是一个对中国的统一，对全国经济、文化、科学、教育的发展做出重大建树的朝代. 618 年，唐朝继隋朝而立，又重新建立起大一统的封建专制主义国家. 在唐帝国的发展中，先后出现了历史上著名的“贞观之治”和“开元盛世”，唐帝国成为当时世界上一个强盛而先进的国家，在文化、科学、教育上也出现了辉煌的岁月，对中国历史产生了重大影响. 例如，其数学的发展，尤其数学教育制度的建立为宋元数学高峰的到来奠定了基础.

从一个分裂动乱的时代走出来，隋唐统治者最迫切的任务就是保持统一，为此就需要大批的官员、建立完善的官制. 与汉代的官僚体系比较，唐代的官僚体系更加完善，分工更细，专业化程度也更强了，这反映了社会生活较之汉代有了较大发展，更加复杂化了，管理的力度也有所加强. 另一个明显的不同点是官员职责所涉及的数学更多了，要用数学的官员也更多了.

实际上，数学在中国古代有特殊的重要性：几乎所有的官员职责都需要一定的数学知识. 需要较高层次的数学知识的官员是主持天文历法尤其是历法编算的官员. 而历法编算是历代朝廷都十分重视的. 中国古代历法的主要内容是对交食和五大行星运行规律的推算，这决定了中国古代的各个王朝都要进行编历(每年颁布历书，即按一定的历法编出当年的年历). 当时的历法尤其是交食和五大行星运行规律的推算都是相当粗糙的，因而运行一些时间之后，误差便积累到无法再用的地步了(如产生“交食不验”等现象)，因此要不断按观察事实校订甚至重编历法. 中国古代编历之多，为世界所仅见.

朝廷负责编历工作的机构属于“内廷机构”(主要指为皇帝个人服务的机构).唐代先将该机构称太史局,属秘书省,长官称太史令,官阶正五品下.到唐肃宗乾元元年(758年)改称司天台,长官司天台监,官阶正三品,并脱离秘书省成为独立的机构,此时其长官的官阶已高于秘书省长官和九寺五监的大多数长官,表现出朝廷对天文历法工作的重视.编历离不开数学,隋唐对编历的重视也促进了数学的发展,一些数学成就例如二次插值公式甚至就是在编历中得出来的.

因此,一方面,朝廷需要大量有一定数学知识的官员,尤其是需要若干特别精通数学的官员;另一方面,此时的数学,经汉代和魏晋南北朝的发展,已达相当复杂的程度,若掌握它就必须接受数学教育,尤其是筹算的运筹方法,若离开教师的教授,难以通过书本直接理解.这两方面提出的专门的数学教育的要求此时汇聚到一起,使得隋唐时期成为中国历史上数学教育得到特殊发展的时期.

2.数学专科教育的建立

中国古代专科教育的历史可追溯到汉代.东汉灵帝光和元年(178年),设立“鸿都门学”.因其地址在洛阳鸿都门而得名,它是一所文学、艺术专科学校.

具有科学教育性质的专科教育则是在南北朝出现的.南朝宋文帝元嘉二十年(443年)“始设医学,置医学博士、助教”;在此前后,北魏“置算学”,即设立了数学专科学校.

到了隋代,办数学专科学校成为一项制度.唐宋清三代也是如此.

(1) 隋唐算学的设立

隋代在教育方面有两大创举.

一是在历史上首次设立专门的教育行政部门和专门的教育行政长官.隋文帝建国之初,就定国子寺[大业三年(607年),改称国子监]作为独立的机构专管教育事业,使教育主管部门由原来的太常属官独立出来(与太常并列成为寺),并设“祭酒”一人作为专门教育长官.这是中国教育发展的一个重大举措,也是重视教育的一个必然结果.

二是在国子寺设立书学、算学和律学.把南北朝时已见萌芽的“专科学校”正规化并列入“国立大学”之中.国子寺直接管理的有国子学、太学、四门学(它们都是经学学校)、书学、算学、律学,这使国子寺不仅是全国最高教育行政机构,也成为最高学术研究机构和最高学府.对各类专科学校,设立编制名额:算学“博士”(教师)2人,“助教”2人,学生80人.并且颁订了若干教学管理措施.

唐继隋制,仍以国子监为教育行政机构、最高学术研究机构和最高学府.唐代扩大学校规模,国子监仍设算学——数学专科学校,设“博士”(教师)2人,官阶从九品下,学生30人.学生入学资格为“文武官八品以下及庶人之子”.30名学生分两科施教,学制6～7年.15名学生为一科,学习《九章算术》《海岛算经》《孙子算经》《五曹算经》《张丘建算经》《夏侯阳算经》《周髀算经》和《五经算术》;15名学生为另一科,学习《缀术》《缉古算经》.两科同时要学《数术记遗》和《三等数》.各种教材都有规定的年限:前一科《九章算术》《海岛算经》学三年,其余每年学两部书,共学6年;另一科《缀术》学4年,《缉古算经》学3年,共学7年.

(2) 算学特点

算学入学时不考试,由主管机关按家庭出身选送.但是,入学后,考试多而严格.考试按时进行,分为旬试、月试、季试和岁试.其中的岁试,指年终考试,比较重要,成绩作为学生去留的依据.如岁试三次为下等,则罢归.

算学毕业生的毕业考试合格,可直接参加每年的科举考试[相当于通过了乡试(地方考试)可直接参加省试(中央考试)].若科举考试中式,经吏部考核,合格者授从九品下的官职.算学所用教科书由国家颁行,如算学两科的十门课所用教科书,即《算经十书》就是这样颁行的.

如前所述,《算经十书》是10部数学书的总称,是国子监开设数学专科学校后,由朝廷组织编订、颁行的数学教科书.这是中国历史上,也是世界历史上第一次由国家(朝廷)颁布数学专业教科书.

由以上几方面来看,隋唐算学由朝廷主办、管理,是“国立大学”

的组成部分；有正规的关于招生、毕业、学生来源和毕业生出路的规定；有严格的教学计划、教科书和考试方法、考试制度. 因而隋唐算学是真正的数学专科学校.

3. 明算科举

隋代有一个选拔人才方面的创举，即提出并采用了科举制. 所谓科举就是“分科考试举人”的意思，即采取考试的方法，按考试成绩选拔官员. 唐继隋制，完善并全面推行了科举制，并使之严格化、制度化.

唐代科举分常科（每年举行一次）和制科（按特殊情况临时举行）两种. 常科共 13 科，如明经、进士等，其中有“明算”科，考的是算学学的数学，也按学的“两科”分为两种考试.

从唐初直到五代，300 多年间一直进行明算科举，每年有若干生徒（算学生）和乡贡举人（未进算学但通过地方考试的）考数学，而通过数学考试就可以做官. 这对数学教育无疑有极大的促进作用，尤其促进了地方学校、私学的数学教育 —— 可以在不进中央算学的情况下参加数学考试以求得官职，所以隋唐时期民间研究数学的人是很多的. 前面介绍的刘焯和一行都是在私学中接受数学教育的，他们创造了一流的数学成果. 这表明数学教育和数学研究的互动. 数学教育和明算科举也是互动的：科举促进了数学教育，成为数学教育的一个目标，当然对数学教育也有限制作用 —— 人们学习的只是科举所考的，逐渐使数学教育成为“应试教育”.

在漫长的历史时代里，中央官学开设数学专科学校，这在历史上是一个十分独特的事件. 学数学可以做官，这促进了人们学习数学的积极性. 数学对国家大事，如天文历法计算、国家的管理等有非常重要的作用，因此促进了数学实用思想的发展.

六　数学思想的异彩
——宋元数学高峰

经过“五代十国”的短期动乱，中国历史又进入了一个大一统的王朝——宋朝(960年).宋朝是一个封建社会完全成熟的王朝，从此中国不再出现三国或残唐五代那样大规模、长期的内部分裂割据，中央集权不断得到加强.但是宋朝在成功地防止了内乱的同时却自始至终处于边防危机和民族危机之中.在它以强大的军力统一全国时，未能收复北方的“燕云十六州”，在接下来的一百余年中，它不得不对北方的契丹人和党项羌人的政权实行“以贡献换和平”的政策.不仅如此，在12世纪初，当新一轮干冷气候降临，北方少数民族被迫南下时，宋朝又在一个新对手——女真人——的政权压力下节节败退，直至“靖康之变”(1126年)，不得不退到长江以南，被史家称为“南宋”(1127年).1206年，铁木真建立了蒙古国，他就是后来名闻天下的成吉思汗.1271年，铁木真的孙子忽必烈接受刘秉忠的建议，按《周易》的“大哉乾元”的说法，改国号为“大元”.随之形成了中国历史上的第二次民族大迁徙，仍然是从北向南、从西向东.而在13世纪全球小冰河期来临之际，北方少数民族奋力南迁，南宋最终亡于蒙古人的政权(1279年).

宋朝内政的成功和外事的失败形成了鲜明的对比.尽管宋朝未曾有过汉唐时的恢宏景象，尽管在外事上一败再败以至失地亡国，但宋朝仍然以其经济、文化、科学等的极度辉煌而载入史册.取宋朝而代之的元朝是中国历史上第一个由少数民族建立的大一统政权.在元朝初期，传统科学、文化继续得到发展.宋元之际，中国科学得到前所未有的发展,中国古代的数学思想也得到了全面的异乎寻常的发展,达到了发展的高峰.

6.1　宋元数学成果点滴

宋元时期是中国古代数学发展的高峰时期.宋元时期是中国数学史上名家辈出、成果迭起的重要时期.

1. 宋元数学的重要成就

宋元数学的重要成就见表 6-1.

表 6-1　宋元数学的重要成就

序号	成果	创造人	时间	文献
1	二项式系数表	贾宪	1030 年	杨辉的《详解九章算法》
2	高次方程数值解法	贾宪	1030 年	杨辉的《详解九章算法》
		刘益	1080 年	刘益的《议古根源》
		秦九韶	1247 年	秦九韶的《数书九章》
3	高阶等差数列求和	沈括	1088 年	沈括的《梦溪笔谈》
		杨辉	1261	杨辉的《杨辉算法》
4	一次同余方程组解法	秦九韶	1247 年	秦九韶的《数书九章》
5	列方程解实用问题(天元术)	李冶	1248 年	李冶的《测圆海镜》
6	三次插值法	郭守敬	1280 年	郭守敬的《授时历》
7	四元高次方程组(四元术)	朱世杰	1303 年	朱世杰的《四元玉鉴》
8	高次插值法	朱世杰	1303 年	朱世杰的《四元玉鉴》

表中涉及的人物即宋元八大数学家.

(1)贾宪(约 11 世纪上半叶)

贾宪曾任“左班殿直”的低等武官,很可能只拿俸禄,并无具体工作,因此才能专心从事数学研究.著作为《黄帝九章算经细草》,已失传.其大部分内容(约 2/3)保存在杨辉的《详解九章算法》(1261 年)中.贾宪最著名的成果为“贾宪三角”(开方作法本源图)和解高次方程的增乘开方法.

(2)刘益(生卒年代不详)

刘益是北宋中山(今河北定县)人,生平不详.著《议古根源》一书,已失传,有 22 个问题收入杨辉的书中.成果是解最高次项系数为负数的高次方程及几种新的解方程方法.

(3)秦九韶(约 1208—约 1261)

秦九韶,字道古,鲁郡(今山东滋阳、曲阜)人,早年曾跟随隐君子学数学.1244 年,秦九韶在建康府(今江苏江宁南)做官,1247 年 9 月,著成《数书九章》18 卷,后卒于梅州(今广东梅县).

(4)沈括(1031—1095)

沈括,字存中,浙江钱塘(今杭州)人,科学家.1051 年始任官职,1063 年举进士,历任县令、司礼参军、司天监官、翰林学士、权三司使等职.1085 年去职在润州梦溪园潜心著作,1088 年完成《梦溪笔谈》26 卷,其中有 200 余条科学技术论述,是重要的科学文献.沈括提出的"隙积术"是一种高阶等差数列求和算法,还提出"会圆术"是关于弓形底长和弧长的算法.

(5)杨辉(13 世纪)

杨辉,字谦光,浙江钱塘(今杭州)人.中国古代重要的数学家和数学教育家,已知有数学著作 5 种 21 卷,分别为:《详解九章算法》12 卷(1261 年),《日用算法》2 卷(1262 年),《乘除通变本末》3 卷(1274 年),《田亩比类乘除捷法》2 卷(1275 年),《续古摘奇算法》2 卷(1275 年).其中第一种著作现存残本,第二种著作已失传,后 3 种著作一般总称为《杨辉算法》,现存本比较完整.

(6)李冶(1192—1279)

李冶,原名李治,字仁卿,金真定栾城(今河北栾城县北)人,1230 年中进士,任钧州(今河南禹县)知州.1232 年钧州被蒙古兵占领,李冶逃到现在山西太原北部山区,研究数学.1248 年著成《测圆海镜》一书,1251 年到元氏(今河北元氏县)的封龙山(今获鹿县南)聚门徒讲学,直到 1279 年.其著作还有《益古演段》3 卷(1259 年).

(7)郭守敬(1231—1316)

郭守敬,字若思,顺德邢台(今河北邢台)人,元代天文学家、数学家和水利专家，早年求学于刘秉忠，1263 年任河渠副使，后历任都水监官、工部郎中、同知太史院事、太史令等职. 1276 年奉元世祖令改历，1280 年完成《授时历》，其中包括大量数学成果，如三次插值法和弧矢割圆术（一种球面三角学公式）等.

(8)朱世杰(1249—1314)

朱世杰，字汉卿，号松亭，寓居在燕山（今北京），不知是何处人. 曾周游四方 20 余年，广收门徒，从事教学和研究工作，是中国古代少有的专业数学家和数学教育家，其著作有《四元玉鉴》(1303 年)和《算学启蒙》(1299 年)，其数学成果有四元高次方程组（四元术）和高次插值法等.

2. 贾宪的数学创造

贾宪的主要数学创造是“贾宪三角”和解高次方程的增乘开方法.

(1)贾宪三角

贾宪三角（开方作法本源图）是一个由数字组成的三角形（图 6-1），现在见到最早的“开方作法本源图”载于杨辉《详解九章算法》(1261 年)，现存于《永乐大典》卷 16344（藏于英国剑桥大学）.

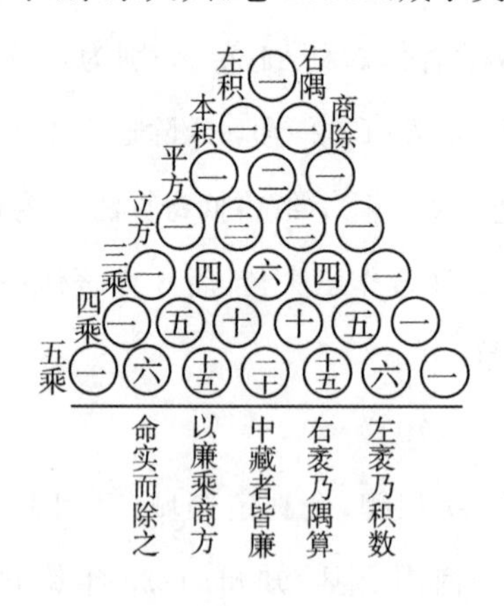

图 6-1 “开方作法本源图”

“左袤乃积数，右袤乃隅算，中藏者皆廉，以廉乘商方，命实而除之.”前三句说明了贾宪三角的结构，后二句说明各系数在“立成释锁”方法（一种解方程方法）中的作用.（长方形土地东西的长叫作广，南北的长叫作袤. 南北引申为上下.）

“左袤乃积数”指左边由上而下的“一”是二项展开式中常数项系数;“右袤乃隅算”指右边由上而下的“一”是二项展开式中最高次项系数;“中藏者皆廉”指中间那些数是对应各次项的系数;“以廉乘商方,命实而除之”指开方或解方程时用所得的商去乘各次项系数,再从实中减去的运筹方法.

贾宪三角的用途主要是开方,或说解形如

$$x^n - A = 0$$

的高次方程.

先设 $x_1 + a = x$,则

$$(x_1 + a)^n = A$$

然后再求 x_1.而要想求出 x_1,就要把 $(x_1 + a)^n$ 展开,此时要用到贾宪三角.

举一个简单的例子,求 $x^3 = 1728$ 的正根.

由实为4位数,可知立方根必为2位数,设为 $a + b$,则有

$$(a + b)^3 = 1728$$

按贾宪三角的第4行(1,3,3,1),由“左袤乃积数,右袤乃隅算,中藏者皆廉”,有

$$a^3 + 3a^2b + 3ab^2 + b^3 = 1728$$

先估第一位商.由 $10^3 < x^3 < 20^3$ 知 $a = 10$,由“以廉乘商方,命实而除之”有

$$300b + 30b^2 + b^3 = 1728 - 1000$$

$$300b + 30b^2 + b^3 = 728$$

再估第二位商.须有 $b^3 = 8$,所以 $b = 2$.再由“以廉乘商方,命实而除之”,显然有

$$728 - (300 \times 2 + 30 \times 2^2 + 2^3) = 0$$

所以12是1728的立方根,即12为原方程的正根.这种方法与现代笔算开方方法相当一致.用现代笔算开方方法求此例,有

$$
\begin{array}{r}
1\quad 2\\
\sqrt{1'728}\\
\underline{1}\\
728\\
300\times 2+30\times 2^2+2^3=\underline{728}\\
0
\end{array}
$$

可见贾宪三角在解高次方程方面是相当先进的.

贾宪三角的数表在西方被叫作"帕斯卡三角"(Pascal's triangle).帕斯卡(B. Pascal,1623—1662,法国)自己则称之为"算术三角形".帕斯卡最先用数学归纳法证明了这个数字三角形的性质,并且第一个正式指出这个数字三角形是二项展开式的系数表.西方最早提出这一数字三角形的是13世纪学者约丹努斯(Jordanus de Nemore,国籍不详),在他的一部著作《算术》(*De arithmetia*)的手稿(约1220年)中给出了一个11行的数表并指出构造方法.世界上另一个提出这种数字三角形的是阿拉伯数学家凯拉吉(al-Karaji,1020年前后活动于巴格达),他与贾宪同时代而略晚.

(2) 增乘开方法

开方就是解高次方程,如前述使用贾宪三角的情况."增乘开方法"是另一种不用数表而先估商后随乘随加的方法.现以《九章算术》"少广"章的第19题——求1860867的立方根——为例,即解方程

$$x^3+0x^2+0x-1860867=0$$

用现代数学符号给出增乘开方法的具体方法.增乘开方法与现代"综合除法"非常接近.

因为所求的每一位商都是有关数位上的数,即都是一位数,所以具体求解时要"缩根""退位"等.因为本例的根为3位数,所以要设$x=100x_1$,将原方程改作$1000000x_1=1860867$求解.因为$1<x_1<2$,所以第一位商为1,可做如下演算(第一行是所解方程的分离系数排列,改成列就是实际的筹式):

```
1          0          0          -1860867     |1
1000000                          -1860867
        +1000000  +1000000  +1000000
----------------------------------------
1000000 +1000000  +1000000  -860867
        +1000000  +2000000
------------------------------
1000000 +2000000  +3000000
        +1000000
--------------------
1000000 +3000000
```

现在“退位”，从右向左分别退 1、2、3 位，得到的分离系数表示为（估第二位商为 2）：

```
                                           |2
1000     +30000     +300000     -860867
         +2000      +64000      +728000
------------------------------------------
1000     +32000     +364000     -132867
         +2000      +68000
------------------------------
1000     +34000     +432000
         +2000
-------------------
1000     +36000
```

再退位，估第三位商为 3，有

```
                                           |3
1 + 360 + 43200 - 132867
  + 3   + 1089  + 132867
---------------------------
1 + 363 + 44289          0
```

于是 123 是 1860867 的立方根.

贾宪开创的增乘开方法后来推广到求任意高次幂或高次方程的正根. 在此基础上，刘益（1113 年之后）引入了最高项系数是负数的高次方程的解法，真正给出了“开带从方”的例子，并用增乘开方法求解了一个四次方程. 秦九韶（1247 年）进一步将其发展为求方程数值正根的方法（与今霍纳法相近），求解了一个有“实常为负”的要求的 10 次方程. 李冶（1248 年）则引入了高次方程的各项系数都可正可负的情况的解法. 朱世杰（1303 年）对增乘开方法做了重要补充. 增乘开方法终于发展成了中国古代数学中独特的代数学理论，有着重要的世界历史意义.

3. 秦九韶的数学成果

秦九韶最重要的数学工作就是著作《数书九章》,其中主要成就为"大衍总数术"和高次方程数值解法,以及与海伦公式等价的"三斜求积"公式.下面分别来探讨.

(1)《数书九章》

《数书九章》在南宋时称为《数学大略》或《数术大略》,明朝时称为《数学九章》.全书共18卷,81题,分为九大类.第一,大衍类,集中阐述了他的重要成就——大衍求一术.他总结了历算家计算"上元积年"的方法,在《孙子算经》"物不知数"题的基础上,系统地提出了一次同余方程组解法.并针对不同的情况,提出了不同的计算程序.他还把这种理论用于解决商功、利息、粟米、建筑等问题.第二,天时类,是有关历法推算及降雨量、降雪量的测量.第三,田域类,是面积问题.第四,测望类,是勾股重差问题.第五,赋役类,是均输及租税问题.第六,钱谷类,是粮谷转运和仓库容积问题.第七,营建类,是建筑工程问题.第八,军旅类,是军营列阵布置及军需供应问题.第九,市易类,是交易及利息问题.后八类问题都是按应用分类.

除了大衍求一术外,《数术九章》中最重要的成就是正负开方术,即以增乘开方法为主导求高次方程正根的方法.他用这种方法解决了21个问题共26个方程,其中二次方程20个、三次方程1个、四次方程4个、10次方程1个.在书中,秦九韶把贾宪开创的增乘开方法发展到了十分完备的地步.

在开方之中,秦九韶发展了刘徽开方不尽求微数的思想,在世界数学史上第一次用十进小数表示无理根的近似值.

在卷五"三斜求积"题中,秦九韶提出了已知三角形三边求面积的公式,这个公式与古希腊的海伦公式是等价的.

秦九韶改进了线性方程组解法,用互乘相消法代替"直除法",并在互乘之前,先约去公因子,使运算更加简便.

与以往的数学著作比较,《数书九章》中的问题更加复杂,如卷十三"计定筑城"题的已知条件达88个,卷九"复邑修赋"题的答案有

180 个.因此,《数书九章》也更加翔实地反映了南宋的社会经济情况,保存了非常有价值的历史资料.

《数书九章》问世后,当时流传不广,明《永乐大典》抄录此书,称为《数学九章》.清四库全书本《数学九章》转录自《永乐大典》,并加校订.后李锐又略加校注.明万历年间,赵琦美有另一抄本《数书九章》.清沈钦裴、宋景昌以赵本为主,参考各家校本,重加校订,1842 年收入上海郁松年所刻《宜稼堂丛书》.此后,又有《古今算学丛书》本,商务印书馆《丛书集成》本均据此翻印,成为最流行的版本之一.

(2) 大衍总数术

《数书九章》中的"大衍类"问题的总的算法就是一次同余方程组解法.在该书"大衍类"开头即第一卷的前面就给出这一算法,称为"大衍总数术".它是《孙子算经》"物不知数"问题的一般化,直接来源则是历法中推算"上元积年"的算法.

用现代数学语言表述"大衍类"问题,就是求一个正整数 N,使 N 被 A_1 除余 R_1,N 被 A_2 除余 R_2,…,N 被 A_n 除余 R_n,其实就是求解一次同余方程组

$$N \equiv R_i (\bmod A_i) \quad (i = 1, 2, \cdots, n) \tag{1}$$

如果 $A_1, A_2, \cdots, A_n$ 两两互素,则下式中的 $a_i = A_i (i = 1, 2, \cdots, n)$;否则,求出两两互素的数 $a_1, a_2, \cdots, a_n$,使

$$\prod_{i=1}^{n} a_i = [A_1, A_2, \cdots, A_n]$$

这叫求"定数".即

$$(a_i, a_j) = 1 (i, j = 1, 2, \cdots, n; i \neq j)$$

令

$$M = \prod_{i=1}^{n} a_i$$

$$M_i = \frac{M}{a_i}$$

如果有 $k_1, k_2, \cdots, k_n$,分别满足

$$k_i M_i \equiv 1 (\bmod a_i) (i = 1, 2, \cdots, n)$$

则一次同余方程组

$$N \equiv R_i (\text{mod } a_i)(i = 1, 2, \cdots, n) \tag{2}$$

的最小正整数解是

$$N = \sum_{i=1}^{n} R_i k_i M_i - PM$$

这里 P 是适当的非负整数，使得 $0 < N \leqslant M$.

秦九韶在大衍总数术中规定了一系列的术语，解释如下：

问数：式(1) 中的诸 $A_i (i = 1, 2, \cdots, n)$.

定数：式(2) 中的诸 $a_i (i = 1, 2, \cdots, n)$，其中

$$(a_i, a_j) = 1(i, j = 1, 2, \cdots, n; i \neq j)$$

衍母：$M = \prod_{i=1}^{n} a_i$.

衍数：$M_i = \dfrac{M}{a_i}(i = 1, 2, \cdots, n)$.

奇数 g_i：使 $M_i = S_i a_i + g_i, 0 \leqslant g_i < a_i (i = 1, 2, \cdots, n; S_i$ 为正整数).

乘率 k_i：是使 $k_i g_i \equiv 1 (\text{mod } a_i)$ 成立的最小正整数，$i = 1, 2, \cdots, n$. 由“大衍求一术”求出乘率.

用数：$T_i = k_i M_i (i = 1, 2, \cdots, n)$.

余数：$R_i (i = 1, 2, \cdots, n)$.

各总：$N_i = T_i R_i$.

总数：$N^* = \sum_{i=1}^{n} N_i$.

所求数：$N = N^* - PM$，P 为使 $0 < N \leqslant M$ 成立的适当正整数.

秦九韶在这里定义了一系列的概念，并且利用它们进行逻辑推导，得出所需要的抽象的结论. 这是数学思想中的新异因素——一种抽象化与原来的算法化相结合的思想，因为利用概念推导的是一个算法.

大衍总数术先给出由问数求定数的算法，然后用大衍求一术求乘率. 对大衍求一术的解释见表 6-2.

表 6-2　对大衍求一术的解释

术文	算式	解释
置奇右上，定居右下，立天元一于左上	天元 1 奇数g 定数a	算筹的摆法，把表的中栏视为一个算板，在其上摆筹. 对每一个定数 a_i 求 k_i，所以不用下标，"天元 1" 即求现在的未知数系数(未知数)
先以右上除右下，所得商数，与左上一相生，入左下	1　　g c_1　　r_1	先求$(a/g)=q_1$(商)$\cdots r_1$(余)$(r_1<g)$， $a=gq_1+r_1$，r_1 置右下 求 $c_1=q_1\cdot 1=q_1$，置左下
然后乃以右行上下，以少除多，递互除之，所得商数，随即递互累乘，归左行上下	c_2　　r_2 c_1　　r_1	求 $g=q_2\cdot r_1+r_2(r_2<r_1)$，$r_2$ 置右上(以少除多，因为 $r_1<g$，所以以 r_1 除 g，所余 r_2 置于原来 g 的位置)， $c_2=q_2\cdot c_1+1$， 递互累乘，即交叉相乘
	c_2　　r_2 c_3　　r_3	$r_1=q_3\cdot r_2+r_3(r_3<r_2)$， $c_3=q_3\cdot c_2+c_1$，以此类推
	c_{2k}　　r_{2k} c_{2k+1}　　r_{2k+1}	$r_{2k-1}=q_{2k+1}\cdot r_{2k}+r_{2k+1}$， $c_{2k+1}=q_{2k+1}\cdot c_{2k}+c_{2k-1}$
	c_{2k+1}　　r_{2k+1} c_{2k+2}　　r_{2k+2}	$r_{2k}=q_{2k+2}\cdot r_{2k+1}+r_{2k+2}$ $c_{2k+2}=q_{2k+2}\cdot c_{2k+1}+c_{2k}$
须使右上末后奇一而止. 乃验左上所得，以为乘率，或奇数已见单一者，便为乘率	c_{2m}　　$r_{2m}=1$ c_{2m-1}　　r_{2m-1}	直到 $r_{2m}=1$ 时计算结束，此时 $c_{2m}=k$ 即为乘率，即 $kg\equiv 1(\bmod a)$. 当奇数 g 为 1 时，相应的乘率即为 1，不必再算了(因为用上述方法算也得 1)，$1\cdot 1\equiv 1(\bmod a)$

得到乘率后，再通过前面引入的问数、定数等的定义给出的公式表述的算法，求出衍母以及各个衍数、用数，最后求出总数和所求数，即求出所给的一次同余方程组的解.

《数书九章》卷二"余米推数"题原文为：

"问有米铺，诉被盗去米一般三箩，皆适满，不记细数. 今左壁箩剩一合，中间箩剩一升四合，右壁箩剩一合. 后获贼，系甲乙丙三名. 甲称当夜摸得马杓，在左壁箩满舀入袋；乙称踢着木履，在中间箩舀入袋；丙称摸得漆碗，在右壁箩舀入袋；将归食用，日久不知数. 索得三器：马杓满容一升九合；木履容一升七合；漆碗容一升二合. 欲知所失米数，计赃结断三盗各几何. 答曰：共失米九石五斗六升三合；甲米三石一斗九升二合，乙米三石一斗七升九合，丙米三石一斗九升二合."

以此为例来说明大衍总数术的应用. 按题意，此题相当于解一次同余方程组：

$$\begin{cases} N \equiv 1 (\bmod 19) \\ N \equiv 14 (\bmod 17) \\ N \equiv 1 (\bmod 12) \end{cases}$$

衍母：$M = 19 \times 17 \times 12 = 3876$

衍数：$M_1 = 17 \times 12 = 204$

$M_2 = 19 \times 12 = 228$

$M_3 = 19 \times 17 = 323$

奇数：$g_1 = 14, g_2 = 7, g_3 = 11$

乘率：

$$204k_1 \equiv 1 (\bmod 19) \Rightarrow 14k_1 \equiv 1 (\bmod 19) \Rightarrow k_1 = 15$$

$$228k_2 \equiv 1 (\bmod 17) \Rightarrow 7k_2 \equiv 1 (\bmod 17) \Rightarrow k_2 = 5$$

$$323k_3 \equiv 1 (\bmod 12) \Rightarrow 11k_3 \equiv 1 (\bmod 12) \Rightarrow k_3 = 11$$

用数：$T_1 = 15 \times 204 = 3060$

$T_2 = 5 \times 228 = 1140$

$T_3 = 11 \times 323 = 3553$

余数：$R_1 = 1, R_2 = 14, r_3 = 1$

各总：$N_1 = 3060 \times 1 = 3060$

$N_2 = 14 \times 1140 = 15960$

$N_3 = 1 \times 3553 = 3553$

总数：$N^* = 3060 + 15960 + 3553 = 22573$

所求数则为

$$N = 22573 - P \times 3876,$$

其中 P 取 5，则每箩原有米数为

$$N = 22573 - 5 \times 3876 = 3193$$

即 3 石 1 斗 9 升 3 合.

甲盗米：$3193 - 1 = 3192$ 合 $=$ 3 石 1 斗 9 升 2 合

乙盗米：$3193 - 14 = 3179$ 合 $=$ 3 石 1 斗 7 升 9 合

丙盗米：$3193 - 1 = 3172$ 合 $=$ 3 石 1 斗 7 升 2 合

三贼盗米总和就是所失米数：

$$3192 + 3179 + 3192 = 9563 \text{合} = 9 \text{石} 5 \text{斗} 6 \text{升} 3 \text{合}$$

大衍总数术是一项十分高超的数学成果. 西方提出并解决这个问题要等到 19 世纪高斯的工作. 这个成果后来被称为中国剩余定理，是真正驰名中外的一流数学成果.

(3) 高次方程数值解法

秦九韶总结了贾宪、刘益等人的开方法，得到了一种称为"正负开方术"的独特的解任意次方程的解法. 用现代数学语言解释，这与英国数学家 W. G. 霍纳(W. G. Horner，1786—1837)1819 年发表的方法是一致的.

对于形如 $a_n x^n + a_{n-1} x^{n-1} + \cdots + a_1 x + a_0 = 0$ 的高次方程及其正根，秦九韶将筹算表示为图的形式，其中商即根，实即常数项，规定"实常为负"，方即一次项，隅即最高项，各廉为中间各项(图 6-2).

a	商
a_0	实
a_1	方
a_2	上廉
a_3	二廉
⋮	各廉
a_{n-1}	下廉
a_n	隅

图 6-2

下面以《数书九章》卷五"尖田求积"题为例说明正负开方术. 原文为：问有两尖田一段，其尖长不等. 两大斜三十九步，两小斜二十五步，中广三十步. 欲知其积几何. (译文：有一个由具有一条公共底边的大小两个等腰三角形结合组成的两头尖的地块，已知公共底边长 30 步，大三角形腰长 39 步，小三角形腰长 25 步. 问此地块的面积有多少?)

秦九韶列出了如图 6-3 所示的筹算图式：

−40642560000	实
0	虚方
+763200	从上廉
0	虚下廉
−1	益隅

图 6-3

相当于方程

$$-x^4+763200x^2-40642560000=0$$

“益隅”表示 x^4 的系数为负，“虚下廉“表示 x^3 的系数为零，“从上廉”表示 x^2 的系数为正，“虚方”表示 x 的系数为零，“实”即常数项. 我们用横向式子表示出筹式所表示的分离系数：

$$-1\quad 0\quad 763200\quad 0\quad -40642560000$$

再确定解的位数 —— 估商，大约是一个以 8 为首位数字的百位数，于是（在实质上相当于）设 $x=800+y$，代入原方程得到一个关于 y 的方程，这个方程的解是一个两位数，估出 y 的第一位商后再重复原来的做法，就可以最终得到原方程的数值解. 秦九韶给出的程序就相当于进行了这样的计算：

800	−1	0	763200	0	−40642560000
		−800	−640000	98560000	78848000000
	−1	−800	123200	98560000	38205440000
		−800	−1280000	−925440000	
800	−1	−1600	−1156800	−826880000	
		−800	−1920000		
800	−1	−2400	−3076800		
		−800			
800	−1	−3200			
	−1				

具体的算法是把 −1 直接放到“横线”下，−1 与初商 800 相乘，其积放在下一项（0）下，做加法[0 + (−800)]，和（−800）置线下，−800 再与 800 相乘，积（−640000）置下一项（763200）下，两数做加法，和 123200 置线下，和再乘初商 800，积置下一项下，再作和，置线下，再乘初商，直到最后一位余数. 然后按这种方法对第一条横线下的一行数再作一次，再作一次，直到只剩下一个 −1 为止. 这样在上表中用线画起来的数，就是关于 y 的方程的系数. 相当于 y 的方程是

$$-y^4-3200y^3-3076800y^2-826880000y+38205440000=0$$

估第二位商为 40（用 38205440000 除以 826880000，商小于 50 而大于 40 得出），重复上述程序：

40	-1	-3200	-3076800	-826880000	38205440000
		-40	-129600	-128256000	-38205440000
	-1	-3240	-3206400	-955136000	0

余数为0，即得到了原方程的解——840.

由以上运算可以看出，正负开方术的基本特点是随乘随加，有很强的机械性，这套方法可以毫无困难地转化为计算机程序. 上例中，若议得第二位商后与“实”相消未尽，便可用同样程序求第三位商，依此类推. 若方程的根是无理数，可用此程序求出根的任意精度的近似值. 所以说，秦九韶圆满解决了求高次方程正根的问题.

(4)“三斜求积”公式

《数书九章》五卷“三斜求积”题的原文为：

问沙田一段，有三斜，其小斜一十三里，中斜一十四里，大斜一十五里，里法三百步，欲知为田几何？答曰：田积三百一十五顷. 术曰：以少广求之. 以小斜幂并大斜幂，减中斜幂，余半之. 自乘于上，以小斜幂乘大斜幂，减上. 余四约之，为实，一为从隅. 开平方，得积.

设大斜为a，小斜为b，中斜为c，则秦九韶的“三斜求积”公式如下所示：

$$\Delta=\sqrt{\frac{1}{4}\left[a^2b^2-\left(\frac{a^2+b^2-c^2}{2}\right)^2\right]}$$

关于已知三边求三角形的面积，古希腊有海伦公式

$$\Delta=\sqrt{s(s-a)(s-b)(s-c)}$$

其中，s是三角形的半周长(三边之和的一半). 这两个公式有什么关系呢？下面证明它们是等价的.

证明　可以只证明两个公式根号内的式子相同.

把“三斜求积”公式根号中的式子加以整理、化简并推演，有

$$\frac{1}{4}\left[a^2b^2-\left(\frac{a^2+b^2-c^2}{2}\right)^2\right]$$

$$=\frac{1}{4}\left[a^2b^2-\frac{a^4+b^4+c^4+2a^2b^2-2a^2c^2-2b^2c^2}{4}\right]$$

$$=\frac{1}{16}[2(b^2c^2+c^2a^2+a^2b^2)-(a^4+b^4+c^4)]$$

$$
\begin{aligned}
&= \frac{1}{16}[4a^2b^2 - (a^2+b^2-c^2)^2] \\
&= \frac{1}{16}[2ab+(a^2+b^2-c^2)][2ab-(a^2+b^2-c^2)] \\
&= \frac{1}{16}(a^2+b^2-c^2+2ab)(c^2-b^2-a^2+2ab) \\
&= \frac{1}{16}[(a+b)^2-c^2][c^2-(b-a)^2] \\
&= \frac{1}{16}(a+b+c)(b+c-a)(c+a-b)(a+b-c) \\
&= \left(\frac{a+b+c}{2}\right)\left(\frac{a+b+c}{2}-a\right)\left(\frac{a+b+c}{2}-b\right)\left(\frac{a+b+c}{2}-c\right) \\
&= s(s-a)(s-b)(s-c)
\end{aligned}
$$

于是,“三斜求积”公式与海伦公式是等价的即得证.比较起来,海伦公式更具理论形式,而“三斜求积”公式是一种算法程序,特别是其原来的表述有利于设计实际的计算程序.

6.2 宋元数学思想的特点

宋元数学思想是在汉唐数学思想的基础上发展而来的,不仅贾宪、杨辉、秦九韶的数学著作都称为“九章”,前两者的数学著作甚至就是《九章算术》的问题编集.而且更多的数学问题都来源于《九章算术》,如李冶、郭守敬等人的成果.但是宋元数学思想又有自己的特点.正是这些特点使宋元数学成为中国古代数学发展的高峰.这个特点就是:数学思想向理论化、抽象化大步迈进.其表现一是表述体系的逻辑化,二是数学内容的抽象化.与此同时也表现出对传统数学思想的继承和发展.

1.表述体系的逻辑化

在数学思想的表述体系方面,宋元数学表现出不同于以前数学的特点.

(1)《数书九章》

《数书九章》的内容由前文所述,分为九类.从宏观结构上看,《数书九章》仍然与《九章算术》相似,形式上是一个实用性体系,按数学的应用领域(2 ～ 9 类) 和常用数学模型(1 类) 分类. 只是由于宋代社会生活比汉代更加广阔、复杂,《数书九章》增加了一些新领域,如军旅类、天时类等.

但是从微观结构来看,《数书九章》则有与《九章算术》十分不同的特点,尤其是第 1 类"大衍类" 的微观结构更是如此.

大衍类前的"大衍总数术",是中国古代最著名的数学成果之一—— 一次同余方程组的解法. 从这一类(即一个数学理论) 的结构来看,具有三方面前所未有的特点.

第一,采取了演绎推理的结构模式. 在第一问中给出了"大衍总数术",并对它进行了"证明",这一类的 9 问完全用此术来求,即"大衍总数术" 作为解 9 问的大前提.

第二,在证明大衍总数术时,秦九韶规定了一整套数学概念:问数、定数、衍母、衍数、奇数、乘率、用数、余数、各总、总数等,它们之间有着严格的逻辑关系. 利用这些概念,秦九韶进行了逻辑推导,得出了大衍总数术. 为解决各类不同的问题,秦九韶还对问数做了分类 —— 分类依赖于对数的种属关系的逻辑理解. 秦九韶还指出它们之间的转化,所用的也是它们之间的逻辑关系.

第三,收入的问题基本上是理论问题. 如第一问"蓍卦发微",即试图用"大衍总数术" 揭示《周易》中筮卜的方法,并解释为什么"大衍之数五十,其用四十有九". 秦九韶认为"圣有'大衍',微寓于《易》". 今人认为是有道理的,因为大衍总数术本质上是求一次同余方程组的解,其精微处正在于"同余" 概念.《周易》以阴阳奇偶说为本,而奇与偶正好是最简单的同余类. 二二数之,适尽为"偶",有余为"奇",《周易》的揲筮之法的要点为"揲之以四",可视为模数为四的同余类. 因此,揲筮之法蕴含着同余概念. "蓍卦发微" 即筮卜的方法的一个理论阐述.

大衍总数术的主要用途似乎是为了历法编算中的求"上元积年".《数书九章》有两问,即"大衍类"的"古历会积"问和"天时类"的"治历演纪"问,求"上元积年" 的问题都采用大衍总数术求解. 从汉代刘歆起,编历就要求"上元积年",但历来数学著作都无大衍总数术的记载

(《孙子算经》的“物不知数”题的数据太简单,仅具游戏性质,虽然在数学上,它可视为大衍总数术的“源头”之一),秦九韶说:“独大衍法不载《九章》,未有能推之者,历家演纪颇用之,以为方程者,误也.”“其术《九章》,惟兹弗纪.历家虽用,用而不知”.因而在《数书九章》中列入大衍类和大衍总数术.秦九韶的研究则是一种理论研究——对历法编算的理论进行研究.按秦九韶的说法,历算家一直有求“上元积年”的方法,这是确实的.刘歆之后又编订了数十部有“上元积年”的历法,秦九韶在这里对其方法做一次理论上的总结和提高,尤其重要的是把问题数学化、结果算法化.这一总结有没有实用意义呢?理论上说,当然有实用意义了——大衍总数术使求“上元积年”的工作变得易于进行了.但在实际生活中,在秦九韶的时代,在历法上人为地加上一个“上元积年”的尝试已接近尾声了.在秦九韶之前的1199年,杨忠辅编《统天历》,就试图以实测历元代替“上元积年”,结果取了一个3830年的“上元积年”.至1280年,郭守敬等人的《授时历》就取消了“上元积年”.因此把大衍总数术用于实际编历的可能微乎其微.秦九韶不是为编历的需要研究出大衍总数术,而是由编历求“上元积年”的问题引出大衍总数术这一数学理论.

对于“大衍类”其他7问,即推计土功、推库额钱、分粜推原、程行计地、程行相及、积尺寻源、余米推数等,虽然题面文字上涉及砌砖、筑堤、粮食买卖、利息计算等领域,但实际上都不是来源于实际生活领域中的实际问题,而是如他所说的:“设为问答,以拟于用”.即为验证算法而编出来的题问,就像现代我们在数学教学中编出来的“行程问题”“工程问题”等“应用问题”一样,从题问本身不难看出这一点.试看“推计土功”问:

筑堤起四县夫,分给里步皆同齐.阔二丈,里法三百六十步,步法五尺八寸.人夫以物力差定.甲县物力一十三万八千六百贯,乙县物力一十四万六千三百贯,丙县物力一十九万二千五百贯,丁县物力一十八万四千八百贯.每力七百七十贯,科一名,春程人功平方六十尺,先到县先给,今甲乙二县俱毕,丙县余五十一丈,丁县余一十八丈,不及一日全功，欲知堤长及四县夫所筑各几何？

在实际问题中，一定是先设计堤，就知道了堤的总长，然后以各县物力为比例分配各县所筑堤长（这是一个“衰分”或“均输”题，所以《九章算术》的题问一般是从实际中来的问题）. 不可能出现先去筑堤，按筑堤情况反求堤长的. 所以这不是从实际中抽象出的问题，而是欲用“大衍总数术”而假设（编）的题问.

这三方面的特点表明，《数书九章》有了进一步的抽象性，其逻辑系统性较《算经十书》有了较大的提高. 可以说是对刘徽的系统证明思想的进一步发展.

(2)《杨辉算法》

用《杨辉算法》之一的《乘除通变本末》来分析其表述体系（图 6-4）.

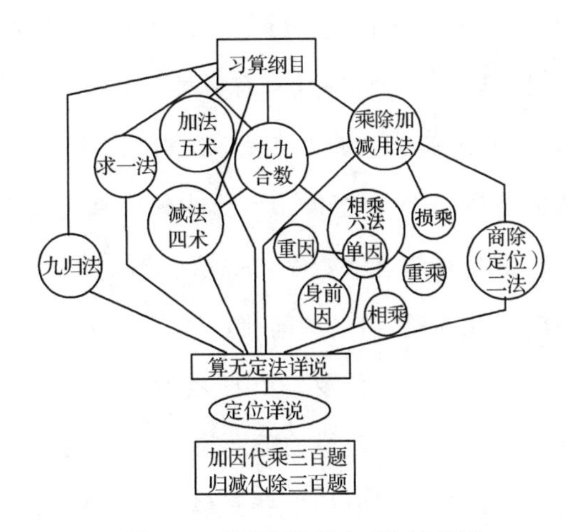

图 6-4 《乘除通变本末》结构图

初看起来《乘除通变本末》3 卷书相当杂乱无章，乘法除法交替出现，从数学理论的角度看，例题又似乎很简单. 但深入地研究一下就会发现，这 3 卷书体系相当完整. 与传统的《九章算术》的数学以应用领域和常用数学模型作为建构体系的标准不同，《乘除通变本末》是以数学本身的逻辑要求建构体系的. 因此，这本著作在体系上表现出了较强的逻辑性，可以说，它的章节在某种意义上是按数学理论陈述的逻辑展开的.

从整体上看《乘除通变本末》，全书先确定了“习算纲目”，阐述了学习乘除的方法和简化算法的必要性，并具体提出简化方法：加法、减法、求一法、九归法等；然后给出“乘除加减用法”，指出基本的运筹方法、定位方法和乘、因、损的一致性，这是乘除的基本要求或基本规则．只有在它们的基础上才能正确地作乘除法．随后给出相乘的 6 种方法和作估商除法的两种定位方法．这些方法严格执行了基本要求或基本规则．在这些基本的乘除算法的基础上，卷中开始探讨简化乘除法的 9 类方法：加法 5 种，减法 4 种．但它们基本上是解决首位数是 1 的乘数或除数的乘除法的，首位数是其他数时怎么办？则进一步给出“求一法”，给出把首位数化成 1 的乘除简捷法；这样，乘除法都有了简捷的方法，但实现除法的计算还有困难，因为它必须通过估商这一程序，而估商带有心理色彩，要求直观想象而不能机械式地执行，因而又给出“九归法”，给出除法的口诀式算法，只要记住口诀，除法也就可以机械化地执行了．至此，才完成了简化乘除算法的探讨．但从逻辑上看，这时又产生了新的问题：同一个乘除法，有数种简化方法，用哪种好？在卷中之末，杨辉特别强调指出“算无定法，惟理是用”的选择方法的原则，从而使方法的选择趋于优化和合理．作为整个乘除法来说，各种简捷算法，都在于得出结果的有效数字，因此定位问题就成为一个极重要的问题，如不解决此问题，再好的简捷算法在逻辑上也是无用的．因此，作为乘除计算的一项逻辑需要，卷中的最后给出一个一般性的适用于各种方法的“定位详说”，使得关于乘除计算方法的研究在逻辑上趋于完整．卷下给出作乘除法时的一些具体简化方法，即把前两卷的内容进一步具体化．

从具体的理论发展上看也是这样．这部书的开头第一句就指出“先念九九合数”，并注明“用法不出于此”，实际上是把“九九乘法表”作为推演乘除法的一个逻辑起点来看待的．在其后的理论展开过程中，它的确也起到了逻辑起点的作用：它是本书中最基本，同时也是最抽象的命题，任何其他命题都是它的具体化．例如在“乘除加减用法”中规定基本的乘除运筹规则，就是在“九九乘法表”上展开的：“上乘商除，用言‘如’对身，言‘十’过身”，“下乘加减，用言‘十’当身，言

‘如’下布”. 这里的“如”和“十”就是乘法表里的话(例如, 二二如四, 三四十二之类). 以后的各种运筹方法则又是这一基本规则的具体化了. 如“单因”中要求“言‘十’过身, 言‘如’就身改之”;“身前因”中要求“言‘如’身前步位, 言‘十’身前二位下起”, 等等. 而这一过程的逻辑终点就体现在卷末的具体方法之中.

在各种“方法”之间, 也表现出相当严密的逻辑结构关系. 如卷上的“相乘六法”, 先指出“单因”法, 即乘数为一位数的乘法, 此时只是由乘数分别与被乘数的每一位数按“九九乘法表”的口诀做机械运筹, 按要求进位而已. 再探讨“重因”法, 即按“九九乘法表”可化为“单因”法的乘数为两位数的乘法(这是“九九合数”这一逻辑起点的另一种具体化). 那么不能按“九九乘法表”分解的数(首先是两位数)作乘数怎么办?先解决一部分. 个位数是 1 的, 用“身前因”法, 只换一个计算方向, 换一种运筹方法, 则仍归为“单因”. 其余的两位数以至多位数就要用更广泛的一般方法“相乘”了, 但相乘也不是无法简化的, 如乘数可以分解因数, 仍然可用“重乘”法化简, 如果是接近 10 的方幂或倍数的数, 则可用“损乘”(补数乘法) 化简. 这完全是一种逻辑的自然展开. 在“相乘”和“重乘”次序的安排上似乎最能体现出这一点来: 逻辑的展开顺序是由抽象向具体展开,“相乘”是抽象而“重乘”是具体. 如果缺少“相乘”这一环节, 那么从“单因”“重因”“身前因”是无法直接过渡到“重乘”的, 卷中举的例子恰好就说明了这一点: $38367 \times 23121 = 38367 \times 9 \times 7 \times 367$. 如不先给出“相乘”法, 这个以“不可约”数 367 为乘数的乘法在前面就找不到依据了. 可见, 即使是例题, 也是符合逻辑展开的需要的.

2. 数学内容的抽象化

与汉唐数学相比较, 宋元数学思想有了较大的发展. 实际上, 数学表述体系的发展就标志着数学思想的发展, 可以从抽象层次和算法程序的发展来体会抽象化.

(1) 数学抽象达到了新的层次

前面关于表述体系的论述, 已经指出宋元数学(例如作为例子的

《数书九章》)在抽象层次上的发展:依逻辑需要展开,即逻辑化、系统化也是抽象化的结果.下面就主要题问的产生方式、逻辑推导的作用和纯数学课题的引入来进行阐述.

① 主要题问不是“实际问题”

这一点在前面分析《数书九章》的结构时已指出,这是宋元数学的一个普遍性的现象.

如《杨辉算法》,全书给出 197 问,而且这些题问仍然具有“实用”的形式,不过,这些题问都是为了验证书中给出的“术”而设立的,杨辉自己也指出:“前立诸术,必命题草,以试可用.”即不是为了解某类实际问题而求出“术”的,相反,是为了验证给出的“术”的合理性而引入题问的.这是数学抽象达到新层次的一个标志,表明《杨辉算法》不是从实用领域中抽象出问题,而是为验证算法编出题问.

杨辉在《田亩比类乘除法》研究“环田”时指出:“中外周之数可以信笔出题,惟径步不可得而擅立,须以内周减外周余六而一为径.”再一次表明他所给出的题问是按算法编的,不是先由实际得出题来求解,这种情况在汉唐数学著作中也有,但是系统化地用以建构体系则是宋元数学的新发展之一.

再如李冶的《测圆海镜》170 问,都是已知某种(三角形中的线段)条件,求一个“圆城”的直径.这个问题本身就不是实际问题——人们一般不修圆形的城池,即使修也是先确定直径然后才有其他数据.其实所有的题问,都是由已知直角三角形的某些线段长,求这个三角形内切圆的直径的.为什么一个问题作了 170 问,给出种种不同条件求同一个结论?实质在于探讨各种线段的关系.这纯是一个抽象的理论问题而不是实际问题,就这些题问的提出目标可以看出,《测圆海镜》的抽象层次的确要高于汉唐数学.

贾宪的“开方作法本源图”也表现出同样的抽象层次.在古代数学中,根据实际问题的需要,人们提出了开二次方、开三次方的题问(它们可以来自求田地面积和求土方体积问题的反问题),而“开方作法本源图”发展出开 4 次方、5 次方以至 6 次方的题问.发展出开任意次方的“增乘开方法”和二项系数表则完全是高度的抽象思维的产物了.

朱世杰的两部数学著作《四元玉鉴》和《算学启蒙》中的大多数题问都并无实际来源,是人为“编造”的.这种编造恰恰体现了朱世杰的数学抽象化思想和杰出的高度发展了的抽象思维能力.

② 逻辑推导成为重要的数学内容

从《杨辉算法》来看,无论《乘除通变本末》还是《田亩比类乘除捷法》(它们和后面要提的《续古摘奇算法》都是《杨辉算法》的组成部分)都努力从逻辑的角度展开有关内容,即确定“逻辑起点”“逻辑中介”和“逻辑结论”.而要做到这点,无疑要对数学知识做充分的抽象.而这种充分的抽象正是数学内容抽象发展到新层次的表现.

再以《田亩比类乘除捷法》为例进一步探讨这一点.该书以“直田”作为体系的逻辑起点,杨辉指出:“为田亩算法者,盖万物之体,变段终归于田势;诸题用术,变折皆归于乘除”;还说:“直田长阔相乘,与万象同.”即得出直田面积问题是数学中最简单、最抽象的问题,能由其推导出其他各种问题的“第一问”,即可作为逻辑起点.

但是是否由直田真能逻辑地推导出该书所研究的所有问题呢?并不是的.如对“斤两匹尺”“圆箭方箭”“圭垛梯垛”等问题,就是通过“比类”方法(一种类比法)解决的,这并不是一种严格的逻辑推导方法.为什么这里不用严格的逻辑推导,像由直田导出“圆田梯田”那样解出这些问题来呢?因为直田和斤两、圆箭等并无直接的逻辑蕴含关系.因而逻辑上推不出.问题出在哪儿?就出在以“直田”作逻辑起点上.实际上,从逻辑的观点看,数学中“直田”并不是抽象的终点,虽然对《田亩比类乘除捷法》所涉及的求面积问题来说,它可以作为最抽象的概念来看待,但在涉及更广泛的问题时,这种非抽象终点,即抽象不够的问题就产生了——由直田推导不出这些问题来.进一步的抽象则产生数的乘除运算——那才真正是最抽象的东西(在该书所涉及的范围内),由它就能逻辑地推导出该书所涉及的所有问题.

逻辑起点的抽象不足表明该书的逻辑体系是不够严密的.杨辉似

已认识到这一点，所以把由直田到斤两、圆箭的导出称为“比类”，而把由直田割补到解方程问题的导出则称为“演段”，没有把二者等同起来. 能做到这一点，说明杨辉在数学抽象方面有较深刻的思考，做了颇多的努力 —— 而这正是数学抽象达到新层次的原因吧.

从李冶的《测圆海镜》来看，内容是从《九章算术》勾股章“勾股容圆”问“今有勾八步，股十五步，问勾中容圆径几何”开始的. 全书12卷，170问，都是关于已知直角三角形三边上的某些线段长而求内切圆或旁切圆或圆心在某一边上而切于另两边的圆的直径的问题.

全书从“圆城图式”—— 一个直角三角形及其内切圆和相关的各种线段的图式 —— 开始(图6-5). 然后在“总率名号”下对全书要用到的各种概念进行了定义，定义紧密结合“圆城图式”的图示进行. 例如，“天之地为通弦，天之乾为通股，地之乾为通勾.”(“之”意为“到”，即“由‘天’到‘地’这条线段叫作通弦”) 这里圆城图式上的各点上的汉字“天”“地”“乾”“旦”等就具有了现在几何图形常用的字母标示的意义，这是一个抽象化的重大创举 —— 这里这些汉字已经没有其原来的意义了，只起到一个位置标记的作用，就像现在的几何学中的字母一样. 李冶对圆城图式中的每一条线段都给予确定的定义，再如“天之日为上高弦”“日之川为皇极弦”等.

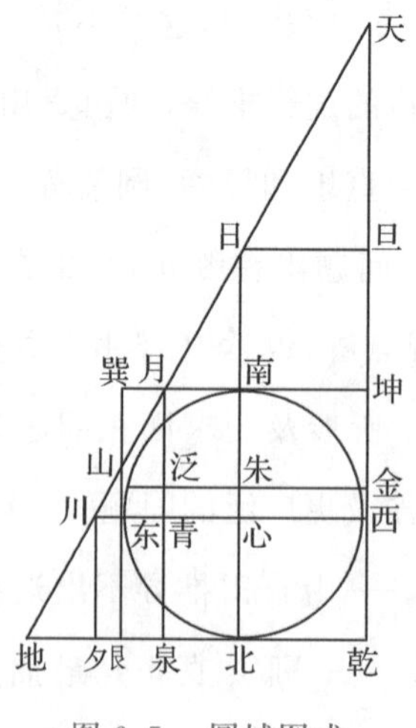

图 6-5　圆城图式

然后在“今问正数”的名目下用勾股定理给出了前面所定义的各个线段之长，其实在前面的定义中就已经考虑了勾股定理的运用了：所定义的线段分别称为某勾、某股和某弦. 列出了一些勾股数：(32,60,68)，(200,375,425)，(120,225,255)，(136,255,289)，(16,30,34) 等. 在后面的几乎每一个题中都要用勾股定理，勾股定理就成为整个《测圆海镜》中推理论证的逻辑起点.

接下来在“识别杂记”的名目下给出了圆城图式中各个线段的关系. 例如，“天之于日与日之于心同，心之于川与川之于地同”，相当于圆城图式中各个线段数量关系的命题，在后面的解题过程中常常要用到这些命题，并以这些命题为依据进行推演. 实际上，这些命题就相当于逻辑推理体系中的定理，可以在以后的证明中加以应用. 虽然在“识别杂记”中定理没有被加以证明，但是由前面的“今问正数”给出的线段长的数据，结合勾股定理不难推导出这些定理(它们全是线段之间的关系). 所以可以说，“识别杂记”列出的是已经证明了的定理，共有七类 692 条. 在这里，定理已经具有了某种体系.

最后就由这些定理证明书中提出的 170 问. 这 170 个问题如前面所说，都是关于已知直角三角形三边上的某些线段长而求内切圆或旁切圆或圆心在某一边上而切于另两边的圆的直径的问题，而且都是“问圆城直径有多少，答 240 步”(书中每个题都说“问答同前”)，例如这样的问题：“乙出东门南行三十步而立，甲从乾隅东行三百二十步，望乙与城参相直，问答同前.”(第六卷第 2 题)这并不是实际需要的问题，因为圆城的直径和周长都是已知的，根本不需要再求. 问题是逻辑推演的需要而不是实际生活的需要，因此可以说逻辑推导才是《测圆海镜》的主要内容. 那么为什么要以“实际问题”即有生活背景的问题的形式出现而不直接以抽象的逻辑形式，例如像《几何原本》那样抽象的图形证明的形式出现呢？那就在于中国古代的数学传统.

③ 引入纯数学课题

宋元数学中引入了许多抽象的纯数学课题,实际上“遥度圆城”形式的高次方程问题、《测圆海镜》的圆城论证问题也都是纯数学问题,但是它们还有一点“实际问题”的影子. 让我们看一下这样的课题.

a. 纵横图

在中国古代著作《周易》的数表(卦象)中就产生了古老的组合数学思想的萌芽;汉代的“九宫图”是用九个数字组成一个方阵,它的各行各列及对角线上的数字之和都是 15. 这是最早的纵横图,后世称之为“洛书”. 对它历来有许多解释,例如,结合八卦的解释:按《周易》中九为老阳,六为老阴,七为少阳,八为少阴,六加九或七加八都是 15,因而“九宫图”各行各列及对角线上的数之和都是 15. 实际上,纵横图涉及数字组合的各种问题,其中已具有初步的组合数学思想.

杨辉在他的《续古摘奇算法》(1275 年)中,收集了 20 多个纵横图,包括 $n=3,4,5,\cdots,10$ 的各阶幻方[方形纵横图,即将 1 到 n^2 中的自然数排列成纵横各有 n 个数的正方形,使每行、每列及两条主对角线上的 n 个数的和(叫作幻和)都相等,等于 $\frac{n(n^2+1)}{2}$,这种排列就称为 n 阶幻方,也叫作 n 阶纵横图]. 杨辉在《续古摘奇算法》中创“纵横图”之名. 他给出的方形纵横图共有 13 幅,包括:洛书图(三阶幻方)一,花十六图(四阶幻方)二,五五图(五阶幻方)二,六六图(六阶幻方)二,衍数图(七阶幻方)二,易数图(八阶幻方)二,九九图(九阶幻方)一,百子图(十阶幻方)一. 其中还给出了“洛书数”和“四四阴图”的构造方法. 如“洛书数”的构造方法为:“九子斜排,上下对易,左右相更,四维挺出”. 除了以上这些方形的纵横图外,杨辉的书中还有一些其他形状的数图,如“聚五图”“聚六图”“聚八图”“攒九图”“八阵图”“连环图”等. 这些都属于纵横图的衍化发展,它们精妙绝伦,耐人寻味,给后世数学家以极大的启发 —— 成为一种一直有人研究的数学课题,例如,明代王文素的《算学宝鉴》中亦记载多种纵横图,程大位的《算法统宗》在卷 17 中记载了 14 种纵横图.清代方中通的《数度衍》在卷首之一的“九九图说”后附有 14 种纵横图,其与杨辉著作中的纵横图基本相同.不仅如此,对纵横图的研究还拓展到更广泛的领域.甚至直到现代,这种研究兴趣也不见减弱,充分说明这个课题的纯数学性.

图 6-6 为杨辉指出的“九子斜排,上下对易,左右相更,四维挺出”,即由 9 个数字的自然排列得到了纵横图的排法.

图 6-6

为了对照,再一次用一下九宫图(图 6-7).

4	9	2
3	5	7
8	1	6

图 6-7 九宫图

再举杨辉的一些纵横图的例子(图 6-8、图 6-9、图 6-10).

61	4	3	62	2	63	64	1
52	13	14	51	15	50	49	16
45	20	19	46	18	47	48	17
36	29	30	35	31	34	33	32
5	60	59	6	58	7	8	57
12	53	54	11	55	10	9	56
21	44	43	22	42	23	24	41
28	37	38	27	39	26	25	40

图 6-8 杨辉易数图——8 阶幻方,幻和为 260

1	20	21	40	41	60	61	80	81	100
99	82	79	62	59	42	39	22	19	2
3	18	23	38	43	58	63	78	83	98
97	84	77	64	57	44	37	24	17	4
5	16	25	36	45	56	65	76	85	96
95	86	75	66	55	46	35	26	15	6
14	7	34	27	54	47	74	67	94	87
88	93	68	73	48	53	28	33	8	13
12	9	32	29	52	49	72	69	92	89
91	90	71	70	51	50	31	30	11	10

图 6-9　百子图——幻和为 505，但对角线上的数之和不是 505

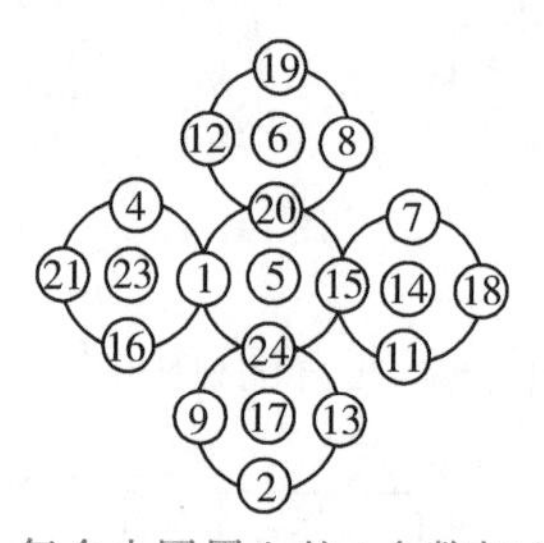

图 6-10　聚五图——每个小圆周上的 4 个数加上小圆中心的 1 个数，5 数之和为 65；以整个图中心的 5 为中心，考虑过中心的大十字上的数，距中心等距离的 4 个数加上中心的 5，其和也是 65. 因为都是 5 数相加，其和相等，整个图形又是由 5 个小圆构成，所以叫作聚五图

杨辉把纵横图作为数学研究内容，收入自己的数学著作，在数学思想发展史上具有重要意义. 显然，这种纵横图在当时并没有实际应用的价值，是一种纯粹的数学组合问题，也可以说属于数学游戏，是由数学自身的发展产生的. 它们是在《周易》的初步组合数学思想基础上的进一步发展，具有组合数学的萌芽. 它们也表明了宋代数学家采用了高度抽象的思想方法. 在继承中国古代数学的应用数学体系，贯彻从实际到理论的实用思想方法的同时，宋代数学家也发展了抽象的逻辑思维能力. 从理论出发探索新的数学规律，宋代数学家因而得以在宋元之际创造出一系列世界性的数学成果. 宋代数学思想在世界数学思想发展方面，长期居于先进地位.

下面举出进一步的纵横图研究,表明课题的纯数学性和趣味性.

明陆深墓(上海陆家嘴)出土的玉挂上的幻方(图 6-11)是一个泛角对称幻方,不但两条主对角线上的数字和同各行各列上的数字和相等,而且在任意泛对角线上的数字和也相等.例如 $1+4+16+13=14+12+5+3=34$(幻和 34).玉挂上面采用的是古代阿拉伯数字.

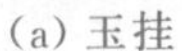

(a) 玉挂

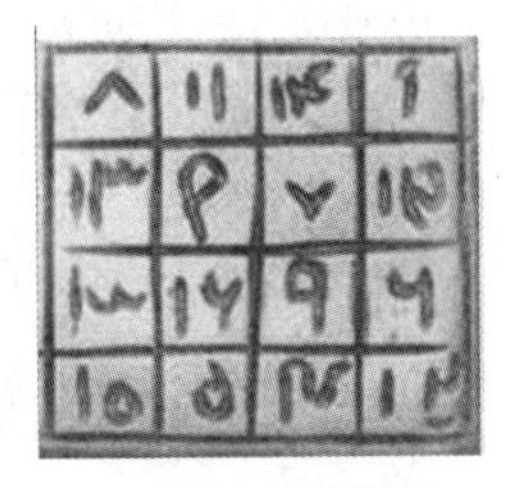

(b) 玉挂细部

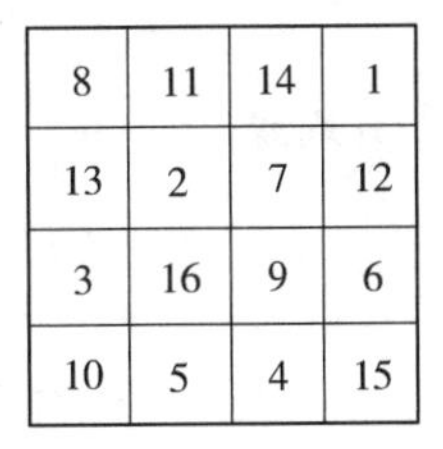

8	11	14	1
13	2	7	12
3	16	9	6
10	5	4	15

(c) 现代数字

图 6-11　玉挂、玉挂细部及现代数字

1957 年西安东郊安西王府出土的元代铁质幻方(图 6-12),是作为辟邪物埋在房基下的,运用了阿拉伯数字,其幻和为 111.这是一个更为奇特的幻方.首先,这个幻方是一个"镶边幻方",即去掉外周"一圈"数后剩下的是一个 4 阶幻方,幻和为 74;其次,这个 4 阶幻方也是一个泛角对称幻方.

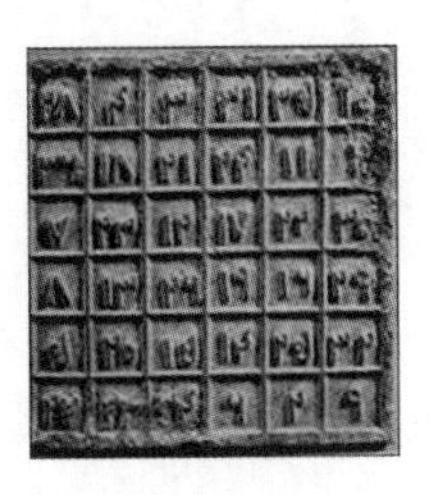

(a) 元代铁质幻方

28	4	3	31	35	10
36	18	21	24	11	1
7	23	12	17	22	30
8	13	26	19	16	29
5	20	15	14	25	32
27	33	34	6	2	9

(b) 现代数字

图 6-12　元代铁质幻方及现代数字

b. 垛积术

垛积术即高阶等差级数求和问题.其来源是"设有一些形状及大小均相同的离散物体堆积为一个规则台体,应如何计算这些物体的个数"的问题.

在《九章算术》中已经给出各种台体、拟台体的体积公式,但离散物体的垛积问题直到沈括才正式提出,并得到圆满的解决,这一成就构成了中国垛积术研究的开端,以后一直有人研究,逐渐地从一个有实际背景的问题抽象为一个纯数学的问题——高阶等差级数求和问题.杨辉在《详解九章算法》及《算法通变本末》中给出了三个垛积公式:

三角垛:$1+3+6+\cdots+\frac{n(n+1)}{2}=\frac{1}{6}n(n+1)(n+2)$

四隅垛:$1^2+2^2+3^2+\cdots+n^2=\frac{1}{3}n(n+1)(n+\frac{1}{2})$

方垛垛:

$$a^2+(a+1)^2+(a+2)^2+\cdots+(b-1)^2+b^2$$
$$=\frac{n}{3}(a^2+b^2+ab+\frac{b-a}{2})\quad (n\text{ 为垛层数})$$

后来元代朱世杰又取得了较大的进展,在《四元玉鉴》中系统而深入地研究垛积问题,取得了极为辉煌的成就,并使之在其后数百年中一直为数学家关注的课题.

从朱世杰的许多级数求和问题中可归纳出一串有重要意义的公式:

$$1+2+3+4+\cdots+n$$
$$=\sum_{r=1}^{n} r$$
$$=\frac{1}{2!}n(n+1)$$

$$1+3+6+10+\cdots+\frac{1}{2}n(n+1)$$
$$=\sum_{r=1}^{n}\frac{1}{2}r(r+1)$$
$$=\frac{1}{3!}n(n+1)(n+2)$$

$$1+4+10+20+\cdots+\frac{1}{3!}n(n+1)(n+2)$$
$$=\sum_{r=1}^{n}\frac{1}{3!}r(r+1)(r+2)$$
$$=\frac{1}{4!}n(n+1)(n+2)(n+3)$$

$$1+5+15+35+\cdots+\frac{1}{4!}n(n+1)(n+2)(n+3)$$

$$=\sum_{r=1}^{n}\frac{1}{4!}r(r+1)(r+2)(r+3)$$

$$=\frac{1}{5!}n(n+1)(n+2)(n+3)(n+4)$$

稍微注意一下就会发现，等式左边的各项正好是贾宪三角形斜线上的数，《四元玉鉴》中也列出了贾宪三角形，并且用斜线连接了表中的数(图 6-13).

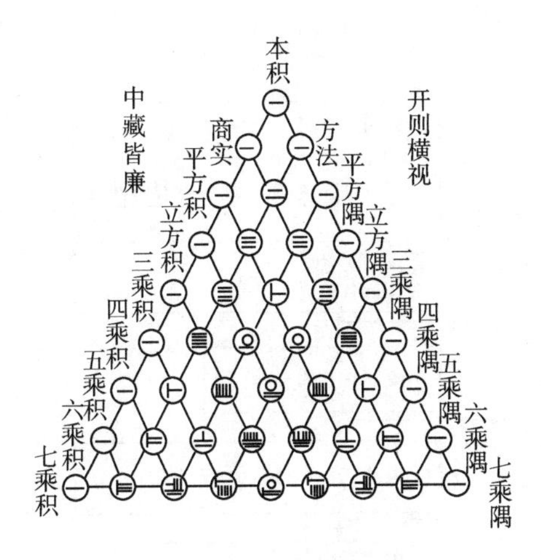

图 6-13　朱世杰《四元玉鉴》(1303 年) 中“古法七乘方图”

这些内容表明贾宪是宋元数学的开拓者. 朱世杰把这类求和公式统称为三角垛公式. 后来垛积术成为中国古代数学中一类专门的课题，历来有人研究. 19 世纪李善兰的《垛积比类》集垛积术之大成，并融合了西方数学，做出了李善兰恒等式和“尖锥术”等一系列优秀数学成果.

(2) 算法程序达到了新的高度

宋元数学在传统的算法化思想方面有了新的发展，在算法程序上达到了新的高度. 可以以秦九韶《数书九章》的“大衍总数术”为例来说明这一点.

“大衍总数术”提供了一个相当典型的算法，它不仅完全符合现代对算法的若干要求，而且可以说在“算法”方面达到了相当先进的程度，其程序就是重要的表现.

“大衍总数术”的算法逻辑可用图 6-14 表示. 从图中可见多次运用了“循环程序”,包括求“定数”,求“乘率”的“子程序”,其中的“大衍求一术”就是一个求乘率的子程序. 这是非常重要的程序技术,现代“子程序”技术是英国数学家图灵(A. Turing,1912—1954)在 20 世纪 40 年代提出来的. 对比之下,可见秦九韶算法思想的先进程度. 可以把“大衍总数术”的算法译成现代算法语言程序在计算机上实施,由此更可看出它在算法程序上取得的高度.

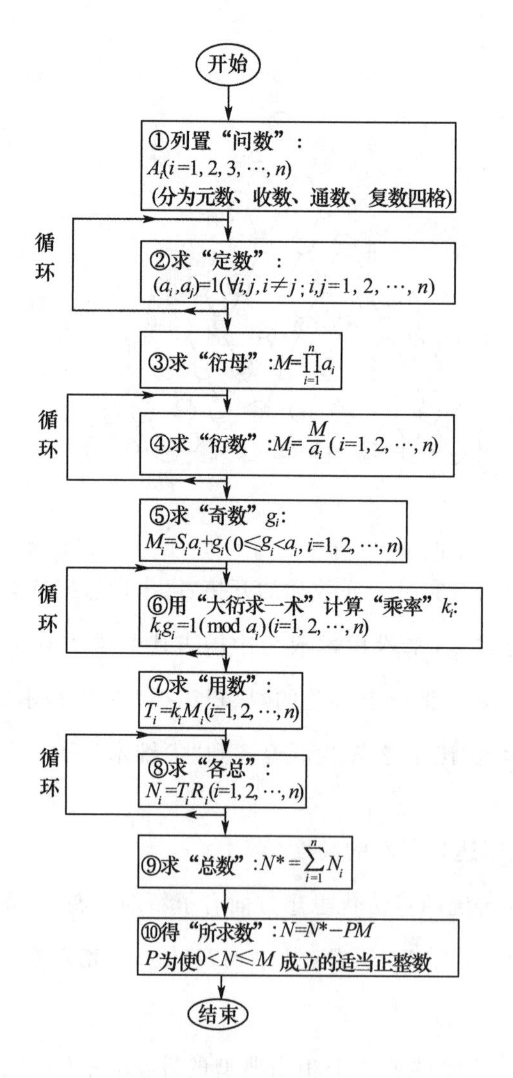

图 6-14 “大衍总数术”的算法逻辑

3. 对传统数学思想的继承和发展

前面阐述的宋元数学思想的发展,并没有割裂中国古代数学思想的传统而另起炉灶，而是在中国古代传统数学思想基础上发展起来的，因而中国古代数学的万物皆数思想、数学实用思想、算法化思想和筹算思想等都得到全面的继承和发展.

(1) 万物皆数思想

秦九韶的《数书九章》序中有：

周教六艺，数实成之.学士大夫，所从来尚矣.其用本太虚生一，而周流无穷，大则可以通神明，顺性命；小则可以经世务，类万物，讵容以浅近窥哉？若昔推策以迎日，定律而知气.髀矩浚川，土圭度晷.天地之大，囿焉而不能外，况其间总总者乎？爰自河图、洛书，闿发秘奥，八卦、九畴，错综精微；极而至于大衍、皇极之用.而人事之变无不赅，鬼神之情莫能隐.圣人神之，言而遗其粗；常人昧之，由而莫之觉.要其归，则数与道非二本也.

[译文：周代的教育内容有“六艺”(礼、乐、射、御、书、数)，数学是其中之一.学者和官员们历来重视、崇尚这门学问.数的用途按照“太虚生一”的规律，达到千变万化的境地.从大的方面说，数学可以通达神明，理解人生；从小的方面说，数学可以规划事务，模拟万物.怎能容许将数学视为一门浅近的学问呢？历来的历算家们用筹算推演，制定日月朔望，制定音律，算出节气.用“髀”“矩”测山高河深，用“圭表”量日影.天地之大，尚且不能出于数学之外；天地之间各种各样的事物，难道能离开数学吗？“河图”“洛书”暴露了天地的数的奥秘；《周易》“八卦”、《九章算术》在解决错综复杂问题时，显示了数学的精妙细微；《大衍历》和《皇极历》的编算，使数学的精妙细微的作用发挥到了极致.各种人事的变化都在数学中得到完备，数学一用，连鬼神之事也都无所逃匿.古代的圣贤学者得到了数学的神韵，但留下的文字却十分简略，一般人难于明白，无法领悟其中之奥秘.探究其原因，是因为“数学”与“道”同为一理，并不是两回事啊！]

可以深刻地感受到从《周易》、刘歆、刘徽、《孙子算经》、王孝通一脉相承的万物皆数思想.一个很深刻的发展是把数学对万物的“用”分为两种，一种是“通神明，顺性命”，另一种是“经世务，类万物”.前者可以说是一种理论研究的纯数学或者数学的理论应用，后者则是在各个领域中应用的数学．在《数书九章》中“大衍类”作为一个数学模型主要是属于前一种的，秦九韶大衍类的“蓍卦发微”“古历会积”，天时类的“推气治历”“治历推闰”“治历演纪”“缀术推星”“揆日究微”的问题可以说就是“通神明，顺性命”的数学应用；其他各题则可看作“经世务，类万物”的用法．这一分法正式确认了数学可以有理论应用或者纯研究，是对传统数学实用思想的深化和发展．注意我们前面一再提出的中国古代数学思想是数学实用思想，实用可以是任何方面的应用，不限于生产、生活中的实际问题的应用，从中单独分出理论应用来是非常有意义的．

杨辉的《日用算法》序中有：

万物莫逃乎数．是数也，先天地而已存，后天地而已立．盖一而二，二而一者也．

[译文：世界上一切事物没有能离开数而存在的．数在天地产生（人们认识天地）之前就已经存在了，在天地产生以后就什么也离不开它了．天地和数是一个事物的两个方面，它们实际就是同一个东西．]

这是万物皆数的另一种表述，也蕴含着可以用数学来研究理论的思想——既然数与天地就是一个事物，就可以用数学来研究天地间的一切事物了．

（2）数学实用思想

数学实用思想基本上仍然构成一个开放的归纳体系．数学内容对社会生活开放，主要有三种表现．其一，如同《九章算术》那样，直接设计解决社会生产、生活中的实际问题或者具有实际背景的问题；其二，发明新的可以解决实际问题的数学工具，在其后得到具体的应用，这是宋元数学所特有的．其三，对原来的实用性问题进行新的理论研究，研究的结果能得到新的应用．

①《数书九章》

《数书九章》在第一个方面表现得最为明确．以农业生产为例．

农业问题最重要的是农田问题，涉及数学的一个内容是计算土地面积，这是中国古代数学推崇的问题.《九章算术》的第一章就是“方田”，其中讨论了圭、邪、箕、圆、宛、弧、环等形状的土地面积的计算. 到了秦九韶生活的南宋时期，随着第二次民族迁徙，南方人口大增，人多地少的矛盾日益突出，大量人口失去土地而成为流民，而流民的增加也就意味着社会不安定因素的增加，因此，如何扩大耕地，安置流民就成为当时社会的一件大事.“与山争地，与水争田” 就是在这种社会背景下发生的，各种各样的土地利用形式相继出现，如圩田、围田、沙田、湖田、荡田、柜田、梯田等. 这些新垦的土地，或依山，或傍水，大小形状各不相同，有的两头尖，所谓“两尖田”；有的似蕉叶，所谓“蕉叶田”；有的若梯之状，所谓“梯田”；还有圆形状，所谓“环田”. 如何计算这些新垦田地的面积，进而计亩收租，是《九章算术》中所没有的，自然就成为当时数学所亟须解决的课题. 表现在《数书九章》中就有“田域类”，提出所谓“尖田求积”“蕉田求积”“均分梯田”“环田三积” 等前所未有的在南宋遇到的问题. 特别“围水造田” 的种种问题在《数书九章》中比较典型，可能与秦九韶长期居住于湖州（今浙江吴兴）有关，此地在宋代是“围水造田” 的发起地. 由于围水造田，田地的形状大小会随着潮水的进退涨落而不断改变，这就要求计算面积的方法也必须做出相应的改变. 其中最典型的当属沙田和围田，下面以沙田为例.

沙田是在水中或水边沙洲上开发出来的，“田域类” 中有“计地容民” 一题，反映的就是这种情况：

问沙洲一段，形如棹刀，广一千九百二十步，纵三千六百步，大斜二千五百步，小斜一千八百二十步，以安集流民，每户给一十五亩，欲知地积，容民几何？

气象对农业具有重要的意义，有时甚至是决定性的意义，中国古人历来重视对气象的观测和研究. 气象通常是与天文一起由国家天文机构如太史局负责的. 到了宋代，气象的发展达到了某种程度的数学化，《数书九章》中的“揆日究微”“天池测雨”“竹器验雪” 就提供了这方面的数学应用背景.

宋代社会生活的其他一些新的问题，如南宋时高利贷剥削是十分严重的，无论私人和政府都发放高利贷，高利贷计算的“推求典本”“推求本息”就进入了数学. 两宋时外患严重、战事频繁，反映到《数书九章》中构成“军旅类”题问. 两宋都推行“铜禁”，严禁铜钱外流，用什么作货币？“均货推本”题问给出了说明，当然可以用金、银. 由于盐钞（领盐的凭证）专卖，因此盐钞可以作为货币全国通用；由于出家人可以免除赋税和徭役，因此度牒（政府发给出家人的出家证明）也被当作有价证券流通. 这两者都是宋代特有的现象.

那么这些问题与我们前面说的宋元数学（包括《数书九章》）的那些不是来自实际的问题如何协调呢？我们说，这些问题反映了宋代的生产、生活现实，不过是说现实生活的内容作为秦九韶构造自己的数学问题的背景，并不意味着这些问题是来自生产、生活实践的，前面已经分析了“推计土功”题问，其他的题问也大抵如此，例如“围田租亩”题问也是典型的与实际相反的问题：在实践中总数是在“三色田亩”已知的基础上才能得到的，不知每一色的面积，怎么会知道一共是多少呢？

② 天元术

天元术是李冶在《测圆海镜》中开创的全新的算法，该书主要是研究天元术在圆城相关问题中的使用的.《测圆海镜》的问题是抽象的、具有纯数学的性质，天元术当然是数学研究的产物.

李冶的天元术分为三步：首先“立天元一”，这相当于设未知数 x；然后寻找两个等值的且至少有一个含天元的多项式（或分式）；最后把两个多项式（或分式）联立为方程，通过相消，化成标准形式

$$a_nx^n + a_{n-1}x^{n-1} + \cdots + a_1x + a_0 = 0$$

李冶称该方程式为天元式，在《测圆海镜》中采用由高次幂到低次幂上下排列的顺序，式中只标“元”或“太”一个字，元代表一次项，太代表常数项，负系数加一斜线，零系数标数码〇. 例如方程

$$x^2 + 151x + 2160 = 0$$

表示成图 6-15：

图 6-15

而方程

$$-x^4+8640x^2+652320x+4665600=0$$

则表示成图 6-16：

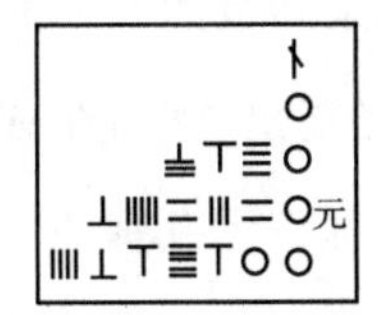

图 6-16

天元术的理论成果是巨大的. 原来的方程解法一直受图形直观思想的影响，如常数项只能为正，因为常数项通常是表示面积、体积等具体存在的事物的(称为“实”即有此意)；方程次数不高于三次，因为一般的超过三次的方程就难以找到现实的问题原型了. 天元术的产生，标志着方程有了自己的理论化、抽象化发展，开始脱离原型仅仅考虑模型自身的问题. 李冶的天元术探讨，则使方程问题开始离开图形直观——尽管直观一度是理解方程的好工具，例如刘徽就用图形直观来解释或者论证二次、三次的开方术，但是过于依赖直观，就难以实现进一步的抽象化. 李冶离开图形直观，用现代的话说，代数地研究方程，才使之理论化、程序化. 李冶认识到代数计算可以不依赖于图形，方程的二次项不一定表示面积，三次项也不一定表示体积. 他在《测圆海镜》中改变了传统的把实(常数项)看作正数的观念，常数项可正可负. 书中用天元术列出许多高次方程，包括三次、四次和六次方程. 李冶还处理了分式方程，他是通过方程两边同乘一个整式的方法，化分式方程为整式方程的. 当方程各项含有公因子 x_n(n 为正整数)时，李冶便令次数最低的项为实，其他各项均降低这一次数.

在《测圆海镜》中，李冶采用了从 0 到 9 的完整数码，发明了负号

和一套相当简明的小数记法. 其负号是画在数字上的一条斜线,通常画在最后一位有效数字上,如 -340 写作|||≣〇(末位有斜线). 纯小数于个位处写〇,带小数于个位数下写单位,如 0.25 记作〇═|||||,5.76 记作|||||(下写“步”)⊥⊤. 这样,李冶的方程便可用符号表示,从而改变了用文字描述方程的旧面貌. 但仍缺少运算符号,尤其是没有等号. 这样的代数,可称为半符号代数. 大约 300 年后,类似的半符号代数在欧洲产生. “天元一”虽是文字形式,但它是代表各种未知数的一般的、抽象的文字,在本质上也可看作符号. 另外,前面已经指出,李冶在圆城图式中以一般性文字代表三角形顶点,与西方用字母表示几何点的做法类似,这与立天元抽象化的本质是一致的. 这样,天元术完全是数学抽象化研究的成果,并不是直接以实际应用为目标的.

《测圆海镜》的成书标志着天元术的成熟. 不久,王恂、郭守敬(1231—1316)在编《授时历》时,便用天元术求周天弧度,沙克什则用天元术解决水利工程中的问题,都收到良好效果. 元代数学家朱世杰曾说:“以天元演之,明源活法,省功数倍.”可见理论的抽象的数学成果运用到实践中取得良好的成果. 因此可以说《测圆海镜》提供了新的可以应用于实践的数学模型. 数学模型的研究,不仅符合中国古代数学的模型化思想,而且深刻体现了数学实用思想.

③ 会圆术和插值法

体现数学实用思想的第三种形式的代表是会圆术和插值法.

会圆术是北宋科学家沈括在《梦溪笔谈》中的杰出创造,给出了弓形的弦、矢和弧长之间的近似关系. “会圆术”是在《九章算术》的“方田”章所记载的“弧田术”的基础上发展而成的. 所谓“会圆术”,就是已知圆的直径和弓形的高(即矢),而求弓形底(即弦)和弓形弧的方法. 用“弧田术”来计算所得的近似值,不是很精密,但用“会圆术”来计算,虽然也只能得到近似值,但精确多了.

沈括给出的求弧长(图 6-17)的近似公式为

$$\text{弧长}=c+\frac{2v^2}{d}$$

其中，d 为弧所在的圆径，c 为弧田的弦，v 为弧田的矢.

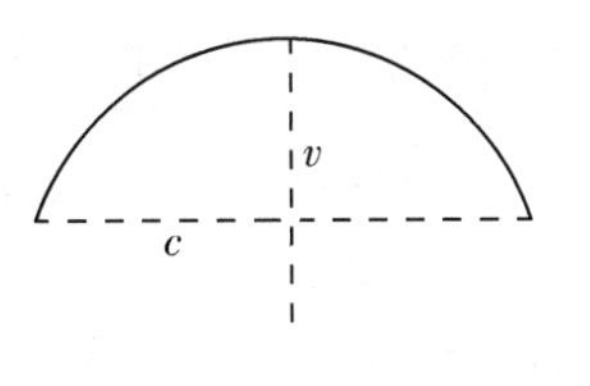

图 6-17

这个结果就可以在涉及弓形的实际问题中应用.

宋元的插值法以元代郭守敬的三次插值法为新成果.他也是在实施大规模天文测量的基础上用插值法处理测量数据的.郭守敬首先在刘焯和一行的二次插值法的基础上开创了三次插值法，以此为模型计算自己的日躔表，从而编订出中国古代最有名的、在西方数学传入中国以前一直使用的历法——《授时历》.

朱世杰更进一步推进了插值法——他探讨了四次插值法，而且，他发现了垛积术与内插法的内在联系，在“如象招数”最后一题中利用垛积术导出四次内插公式(四次差为一非零常数，五次差为零)：

$$f(n)=n\Delta+\frac{n(n-1)}{2!}\Delta^2+\frac{n(n-1)(n-2)}{3!}\Delta^3+\frac{n(n-1)(n-2)(n-3)}{4!}\Delta^4$$

原题为：“依立方招兵，初招方面三尺，次招方面转多一尺……今招一十五日，每人日支钱二百五十文，问招兵及支钱几何.”他的关于招兵数的解法为：“求兵者，今招为上积，又今招减一为茭草底子积为二积，又今招减二为三角底子积，又今招减三为三角一积为下积，以各差乘各积，四位并之，即招兵数也.”

由此就得出上面的四次内插公式.其中，$\Delta^1,\Delta^2,\Delta^3,\Delta^4$ 分别为一次差、二次差、三次差、四次差.由于朱世杰正确指出了公式中各项系数恰好是一系列三角垛的积(见本书前面列出的公式)，他显然能够解决更高次的内插问题，即得到下面这个更一般的内插法公式.

$$f(a+nh)=f(a)+n\Delta f(a)+\frac{n(n-1)}{2!}\Delta^2 f(a)+\cdots+\frac{n(n-1)\cdots(n-k+1)}{k!}\Delta^k f(a)+\cdots$$

朱世杰开创性地把高阶等差级数求和用到内插法(现在属于有限

差分法）上，从而把中国古代的内插法推向一个新水平.

④ 弧矢割圆术

郭守敬创建的另一个数学模型是一个球面三角模型 —— 弧矢割圆术.

如图 6-18 所示，设 F 点为天球北极，O 是地上的观测点，$\overset{\frown}{ACE}$ 是天球赤道的象限弧(大圆的四分之一)，$\overset{\frown}{ABD}$ 是黄道的象限弧，A 是春分点，D 是夏至点. $\overset{\frown}{FBC}$ 是通过 B 的时圈. 角 A($\angle BAC$) 是黄赤交角，可用$\overset{\frown}{ED}$ 度量，现已知黄道上某天体 B 的黄径$\overset{\frown}{AB}=c$，欲求 B 的赤经$\overset{\frown}{AC}=b$ 和赤纬$\overset{\frown}{CB}=a$. 黄赤交角 A 可由实测定出，角 C 是直角.

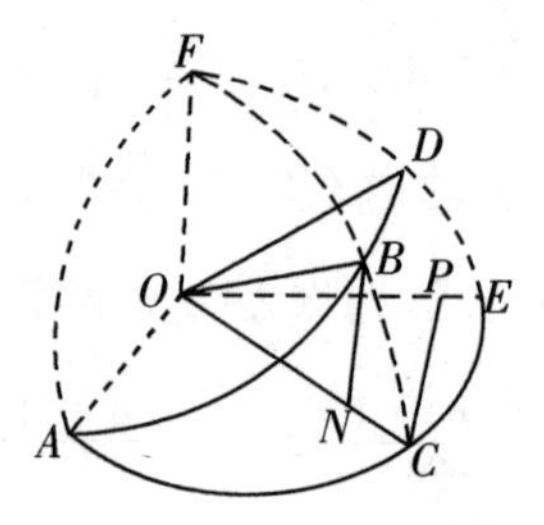

图 6-18　弧矢割圆图

解球面直三角形 ABC，有

$$\sin a=\sin c\cdot\sin A$$

郭守敬用到这个公式，经过变换，他最后得出

$$\sin b=\frac{\tan c\ \cos A}{\sqrt{1+\tan^2 c\ \cos^2 A}}=\frac{\sin c\ \cos A}{\sqrt{\cos^2 c+\sin^2 c\ \cos^2 A}}$$

这是郭守敬最后使用的公式，实际上使用的已知是 c 的余弧$\overset{\frown}{BD}$，求出的结果是赤经的余弧$\overset{\frown}{CE}$ 和赤纬 a. 当然本质上还是一样的. 这是一个非常了不起的数学首创，作为一个数学模型用到《授时历》的编订中.

(3) 算法化思想

宋元数学的算法化思想是非常突出的，前面已经谈到宋元数学的算法程序达到了新的高度. 在算法化思想方面，宋元数学与古代数学是一脉相承的. 这里只谈一点 —— 宋元数学几乎所有的数学成就与《九章算术》一样，都是用算法表述出来的. 下面做一列举，见表 6-3.

表 6-3 中国古代数学算法化思想

算法	出处	成果
约分术	《九章算术》	求最大公约数的算法
割圆术	《九章算术》、刘徽	运用极限概念，求得 $\pi = 157/50$
开方术	《九章算术》	现代式的开平方、开立方程序
微数法	刘徽	十进分数逼近开方不尽数(无理数)
开立圆术	《九章算术》、刘徽、祖冲之父子	球体积公式、祖暅原理
阳马术	《九章算术》、刘徽	刘徽原理，极限方法
盈不足术	《九章算术》	双设法，一次插值法
方程术	《九章算术》、刘徽	线性方程组解法
正负术	《九章算术》、刘徽	引入负数、负数的运算
勾股术(二人同所立)	《九章算术》、刘徽	勾股数组通解公式
勾股术(今有邑方)	《九章算术》、刘徽	二次方程问题及解
重差术	刘徽、《海岛算经》	勾股测量及计算方法
勾股圆方图注	赵爽	二次方程问题及求根公式
“物不知数”术	《孙子算经》	中国剩余定理的起源
百鸡术	《张丘建算经》	不定分析问题之始
开带从立方术	《缉古算经》	解三次方程的问题
步日躔术	刘焯、一行、郭守敬	插值法：二次等间距插值法、二次不等间距插值法、三次插值法
会圆术	沈括	弓形面积算法
开方作法本源	贾宪	贾宪三角形，二项高次方程解法
增乘开方术	贾宪、刘益、杨辉	高次方程解法
正负开方术	刘益、秦九韶	任意阶高次数值方程解法
大衍求一术	秦九韶	一次同余方程组解法
三斜求积术	秦九韶	已知三边求三角形面积的算法
垛积术	沈括、杨辉、朱世杰	高阶等差级数求和
天元术	李冶、《测圆海镜》	设未知数列方程解题
纵横图	杨辉	一类数字排布问题
弧矢割圆术	郭守敬	球面三角问题，求赤纬赤经的算法
四元术	朱世杰、《四元玉鉴》	四元四次方程组解法
招差术	朱世杰	高阶插值公式

除了勾股圆方图注和纵横图外，以上这些中国古代数学的重大成果都是用算法表述的，而且越往后算法越精深复杂. 宋元数学家的确是充分继承发展了中国古代数学的算法化思想.

(4) 筹算思想的发展

所谓筹算思想，是在长期使用算筹进行筹算所逐渐形成和发展了的数学思想，主要有三个方面.

①“位置”代数思想

前面指出，筹算的关键在于十进位值制记数法和分离系数法. 分离系数的做法使中国数学用算筹的排布位置表示数学意义，如前面举出的例子，不同的位置给出不同的数学意义，例如表示未知数的不同次数，表示线性方程组的不同未知数和常数，不同的算法实际上在一定程度上就是由赋予位置以不同的意义构成的. “位置”代数就指这一点. 由于位置的这种用途，使得中国古代数学在没有使用任何数学符号 —— 包括没有使用最基础的等号、加减乘除四则运算符号等 —— 的情况下取得了一系列非凡的成果.

到了宋元时期，算筹的运用已经非常娴熟，人们把“位置”代数中位置的功能开发使用到了极致，增乘开方术和正负开方术的运筹就表现出这一点. 只要注意一下我们用现代数字写下来的式子，就可以想见，在一个平面上摆布随时可以移动的一样的算筹时需要付出怎样的努力. 这种努力获得了巨大的成功. 朱世杰的四元术则是运筹思想的另一个杰作.

所谓四元术，就是用天、地、人、物四元表示四元高次方程组. 列式的方法是：在常数右侧记一“太”字，天、地、人、物四元分别列于“太”字的下、左、右、上，如图 6-19 所示.

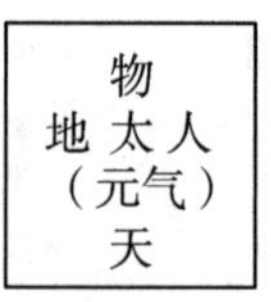

图 6-19

这四元的乘幂的系数也分别列于“太”字的下、左、右、上，相邻两未知数和它们的乘幂的积的系数记入相应的两行相交的位置上，不相邻的几个未知数的积的系数记入相应的夹缝中.

朱世杰的天、地、人、物，相当于现在的 x, y, z, u，例如方程

$$-x^2+3xy-2xz+x-y-z=0$$

（卷下“三才变通”第 1 题）表示成图 6-20：

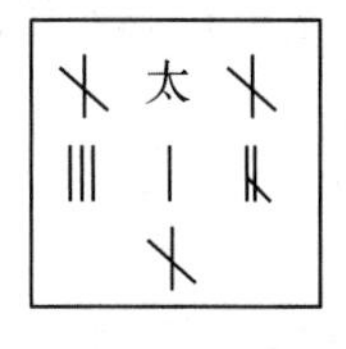

图 6-20

方程

$$2u^4 - u^3 - u^2 + 3u - 8z^2 + 2xz + 2xy + 6yz = 0$$

(卷下“四象朝元”第 6 题) 表示成图 6-21：

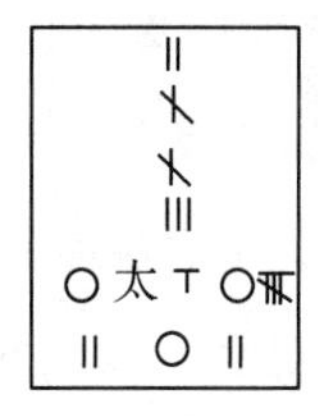

图 6-21

朱世杰的传世名著《四元玉鉴》的主要成就是四元术，即四元高次方程组的建立和求解方法. 在他之前，从李冶天元术开始，李德载的《两仪群英集臻》讨论了二元术，刘大鉴的《乾坤括囊》讨论了三元术. 在此基础上，朱世杰“演数有年，探三才之赜，索九章之隐，按天、地、人、物立成四元”(《四元玉鉴》后序) 创立了举世闻名的四元术.

《四元玉鉴》共 24 门 288 问，所有题问都与方程或方程组有关. 题目顺序大体是先方程后方程组，先线性方程组后高次方程组. 朱世杰创造了一套完整的消未知数的方法，称为四元消法. 四元消法是朱世杰方程理论的核心. 他通过方程组中不同方程的配合，依次消掉未知数，化四元式为一元式，即一元高次方程. 三元式和四元式的消法称为“剔而消之”，即把全式剔分为二，进行相消. 二元式的消法称为“互隐通分相消”. 这种方法在世界上长期处于领先地位，直到 18 世纪，法国数学家 E. 贝祖(E. Bezout，1730—1783) 提出一般的高次方程组解法，才更好地解决了这个问题.《四元玉鉴》开始讨论无理方程，是朱世杰的另一个方程论成就.《四元玉鉴》含二元问题 36 个、三元问题 13 个、四元问题 7 个. 虽然用到四元术的题目不多，但它们却代表了全书，也

代表了当时世界上方程组理论的最高水平."四象朝元"第6题中由四元方程组所导出的14次方程:

$$2006x^{14} - 11112x^{13} + 22292x^{12} - 19168x^{11} + 2030x^{10} + 12637x^{9} - 8795x^{8} - 8799x^{7} + 19112x^{6} - 9008x^{5} - 384x^{4} + 1792x^{3} - 640x^{2} - 768x + 1152 = 0$$

是中国古代数学史上次数最高的方程(解得 $x = 2$).

②"运筹"依赖思想

随着数学的发展,算法越来越复杂了,比较《九章算术》和宋元时期的数学著作就可以看出来,《九章算术》中的算法是运筹的方法,不过因为比较简单、直观,只用文字表述加上教师的指导就可以理解,所以用不到筹式图来表示运筹过程.《算经十书》都没有运用筹式图表述运筹过程.《孙子算经》是以描述算筹摆法和运筹方法而闻名于世的,不过其中也没有画图表示运筹过程.而宋元数学算法的复杂性使得离开对算筹筹式的直观表述就难以正确理解算法了,所以大多数数学著作都标出筹式图表示运筹的阶段性结果,即运筹的部分过程.算法作为算筹的操作运持方法,对算筹特别对运筹方式的表述——筹式——十分依赖.这本质上是算法对运筹动作有着特别的依赖性.就像我们现代的算法对计算机的用法的依赖性一样.没有算法,计算机固然无法运行;离开计算机,算法也就不成其为算法了.不同的计算机对算法操作有不同的要求——现代计算机生产软硬件的"兼容性"要求充分说明算法对计算机的依赖性.

③ 数学教育思想

对运筹动作的依赖性可以通过筹式图得到部分的解决,不过筹式图只是展示运筹的阶段性结果,而对运筹动作的依赖具有一种对操作者自身的体验的依赖的特点,因此运筹更具有个人体悟的性质.这样运筹的学习就要像其他注重于体悟的事物一样(这样的事物多半为技艺,所以在中国古代把数学看作一"艺"),传承需要更多的师傅教徒弟式的教育.这是中国古代特别重视数学教育,很早就进行了非常独特的数学专科学校的教育的原因之一.这也能很好地说明，中国古代历算动则“家学渊源”，像祖冲之，祖孙5代都是以精通数学和历法闻名于世. 一行僧云游天下，到处拜师学习数学，也是一个很好的例子. 宋代的著名数学家，多有设帐授徒之举. 杨辉的经历不详，不知是否教过数学，但他的《乘除通变本末》(《杨辉算法》构成的内容之一) 是不折不扣的数学入门教科书，其中的“习算纲目”甚至可以看作一份数学教学大纲，所以杨辉出任数学教师是没有问题的. 李冶曾在封龙山聚徒授课是其传记中记载的，至于朱世杰更是一个专门从事教学的人士. 而按秦九韶《数书九章》的序，他是跟从太史局的前官员(当然也是精通数学的人) 学过数学，又受过“隐君子”的数学教育. 这都充分表明对中国古代数学来说数学教育的非凡的重要性.

由于数学具有重要性和实用性，因此宋代官方对数学教育也非常重视，在国子监设算学，发布《算学令》(《崇宁算学令》，1107 年)，公布远比唐代算学严格的教学计划，扩大学校规模，并且提高了毕业生的待遇 —— 毕业后可以直接授以官职，不用再参加科举考试了. 同时颁布了国定教材，也叫《算经十书》(与唐代的《算经十书》相比少有变化)，并且刻印了这十部书，此举对这些书的流传起到了非同小可的作用，至今我们能看到的最早的《算经十书》版本就是南宋鲍澣之根据崇宁算书翻印的本子.

6.3 《崇宁算学令》解析

《崇宁算学令》是中国数学史及数学教育史上的重要文献之一，它规定了崇宁年间算学也就是数学专科学校的课程设置、教学内容和考核方法，对中国古代数学教育和数学发展产生了一系列的影响. 作为中国古代为数不多的流传至今的数学教学文件，这一文件相当集中地表现出中国古代数学教育以及数学达到兴盛的顶峰随即又产生中断的政策因素，解析一下这个数学教学文件，可以对宋元数学思想的发展有一个比较具体、直观的认识.

宋代继承隋唐在中央大学开办数学专科学校的创举，在崇宁年间(1102—1106)立算学于国子监，后又归太史局掌管，史称当时定“算学生员以二百十人为额，许命官及庶人为之”(《宋史·选举志》).宋本《数术记遗》后附《算学源流》一文，对此有详细记载.其中有《崇宁算学令》《崇宁国子监算学格》等.“格”表示学校的机构、编制及考试安排等，“令”表示课程设置、教学内容、考核方法等.

1.《崇宁算学令》文本释义

《崇宁算学令》文本如下：

诸学生习《九章》《周髀》义，及算问(谓假设疑数)并通《海岛》《孙子》《五曹》《张丘建》《夏侯阳算法》，并历算、三式、天文书.诸试以通粗并计，两粗当一通.算义算问以所对优长通及三分以上为合格，历算即算前一季五星昏晓宿度，或日月交食，仍算定时刻早晚，及所食分数.三式即射覆及预占三日阴阳风雨.天文即预定一月或一季分野灾祥.并以依经备草合问为通.

《崇宁算学令》规定了数学专科学校的课程，有算法、历算、三式和天文四大科.与唐代数学专科学校相比，算法课是基本一致的，从教科书就可看出，《崇宁算学令》中所指定的教科书基本都取自唐代的《算经十书》；历算、三式和天文则是崇宁年间算学所增设的课程.

历算指历法编算.中国古代历法的主要研究内容为对日、月、五大行星运动规律的研究，其主要目的则在于提供预推此七大天体任意时刻位置的方法及公式.把人们得出的一整套规律和依此进行预推的方法和公式及若干有关的数据叫作一部历法，如《四分历》《三统历》等都是这样的历法.规律是用数学语言表述的，预推及得出数据的过程都是计算过程.因而，历法编算与数学有十分密切的关系，即历算是中国古代数学的主要应用领域之一，前文已经指出了这一点.即《崇宁算学令》中规定的考核方法具体体现了这一点，算前一季五星昏晓宿度，或日月交食，仍算定时刻早晚，及所食分数.这里规定的算要依据一定的规律、方法和公式，即要根据某一部具体的历法进行.如前述历法编算是需要经常进行的数学活动，按历法编订年历更是年年需要做的事情，所以对历算人才有经常性的需要，算学安排此课程是必然的事情.

三式指六壬、太乙、奇门遁甲这三种以“式盘”为主要操作工具的占卜方法. 所谓式盘是两个(奇门遁甲为四个)圆盘，一上一下放置(下盘可为方形),中心用针钉在一起,使上盘可在下盘上转动(已有实物出土). 两盘上画有不同的符号,表征某种占卜意义. 占卜时,施术者转一下上盘,看其停止位置上下盘上的符号,对两个符号的组合作解释以预测万事万物的未来. 符号是按某种理论划上的,符号和理论的不同就构成了不同的占卜法. 因涉及的一些符号(干支等)仍须用数学来算,这似乎是把三式归入算学课程的原因. 从《崇宁算学令》规定的考核方法(射覆,猜覆盖下的物品的一种游戏,亦可用于占卜)来看,主要是考核用式盘进行占卜的能力,亦即对某事的预测能力.

天文在中国古代有很独特的意义,《周易》指出:“观乎天文,以察时变;观乎人文，以化成天下.”即天文是与人文相对应的东西.《汉书》进一步指出:“天文者，序二十八宿，步五星日月，以纪吉凶之象，圣王所以参政也.”(《汉书·艺文志》)即天文是以天象(日月星辰的位置、情状及运行)来预测人事、政治的一种占卜术,它通过占卜,把天象和人事联系起来. 古人说,“凡天变，过度乃占”(《史记·天官书》),要以天象做出预测,必须了解天象之变. 为了认识变,就要认识常，即要认识星象运动的规律，给出相应的结果——历法. 由此,历算是天文的基础,天文是历算的目的,天文通过历法与数学联系起来,天文可视为数学的一种间接的应用领域. 天文考核为预定一月或一季分野灾祥. 分野是中国古代的一个占星术概念,指天上星空方位(二十八宿等)与地上的地理行政区划(州)的对应;灾祥指灾异和祥瑞,表征着人事的凶吉.

总的来看,《崇宁算学令》在数学专科学校增设的三门课程都是以预测未来人事的吉凶为目标的,它们都属于中国古代的一个重要文化组成部分——数术.

2. 数术的实质与教学意义

数术,又称方术,先秦原指道术,秦以后则指方士之术. 实际上是人们构建的各种各样的操作程序，以之来沟通天人之间的信息，从而指导自己的行动. 占卜术是数术中一个最重要的分支，前述天文（占星术）、三式是古代十分重要的占卜术. 由于能预测未来，数术在中国古代就有十分重要的地位，产生了巨大的影响. 有作者指出，数术是中国传统文化的一个伴影，曾经严重地影响着、控制着人们的思想和行为. 上自帝王、下至贩夫走卒，都或主动或被动地接近过它，受过它的摆布. 许多骗子借它横行无忌，害过不知多少人，使人虚掷了不知多少钱财. 然而，思想家和科学家在研究它的同时，在发展天文学、医学、化学和人体探讨等方面又取得过若干成绩或成就，政治家以其术辅助统治，文学家借其题进行创作，军事家利用它克敌制胜，起义者利用它号召群众，宗教家利用它吸引信徒. 因而数术受到中国古人尤其是历代统治者的重视. 这种重视在历法上达到顶点："盖黄帝考定星历，建立五行，起消息，正闰余，于是有天地神祇物类之官，各司其序，不相乱也. 民是以能有信，神是以能有明德，民神异业，敬而不渎，故神降之嘉生，民以物享，灾祸不生，所求不匮."（《史记 · 历书》）

由于历算及天文、三式对国家大事有预测功能，因而是军国大事，受到统治者的高度重视 —— 历代的编历都受到朝廷的重视. 一千多年间编历 87 部，正是历代王朝重视的结果；而且为了使它们不致被敌人利用，统治者还采取了垄断措施. 垄断的一个措施是禁 —— 禁别人学习、利用. 从晋代以来禁三式、天文的私习，一直是中国封建王朝的一项国策. 例如：

[泰始三年(267 年)] 禁星气谶纬之学(《晋书 · 武帝纪》).

永平四年(511 年) 夏五月诏禁天文之学(《魏书 · 武帝纪》).

[永徽二年(651 年)] 诸玄家器物、天文图书、曜书、兵书、七曜历、太一(乙)、雷公式，私家不得有，违者徒二年. 私习天文者亦同(《唐书 · 太宗本纪》).

宋代更加强了这种禁令：

太平兴国二年(977 年) 冬十月丙子禁天文卜者等书，私习者斩(《宋史 · 太宗本纪》).

垄断的另一个措施则是把天文机构(称为司天监或太史局等)立为重要的国家机关,研究人员皆为国家官员,而且把天文教育也置于国家掌握之中,以培养出国家的有关专业官员.对三式教育也是如此要求(所禁的只是私习,官习是允许的,而且是必要的).不过在唐代天文教育属司天监管理,三式教育属太卜署(属太常寺)管理,它们不是专门的教育机构,带有半学半官的性质.宋代把天文、历算、三式设为数学专科学校(专门的教育机构)的课程,表明了对它们所具有的数学原理的空前的重视.

数术并非科学,从历算、三式、天文三门课程的考核方法就可看出这一点.崇宁算学原归国子监,后归太史局掌管,南宋更没有单设算学,太史局则招生,其课程仍有历算、三式、天文,考核方法与崇宁算学有连续性.考核方法为:

绍兴初命太史局试补,并募草泽人.淳熙元年(1174 年)春,聚局生子弟试历算,《崇天》、《宣明》、《大衍历》三经,取其通习者.五年(1179 年)以《纪元历》试.九年(1183 年)以《统元历》试.十四年(1188 年)用《崇天》、《纪元》、《统元历》,三岁一试.

绍兴二年(1132 年),命今岁春铨太史局试,应三全通一粗通,合格者并特收取,时局生多缺教也.

嘉定四年(1211 年),命局生必俟试中方许转补.理宗淳祐十二年(1252 年)秘书省言……"诸局官应试历算、天文、三式,官每岁附试……一年试历算一科,一年试天文、三式两科,每科取一人……仍从旧制,申严试法.从之".(《宋史·选举志》)

可见,太史局生要学习历算、三式、天文,这正是《崇宁算学令》中规定的算学的新增科目,也是算学后归太史局的一个原因.

关于考试历法,其中《大衍历》和《宣明历》是唐代编订并颁行的历法,而《崇天历》《纪元历》《统元历》都是宋代历法.《崇天历》由宋行古编,在 1024—1064 年、1068—1074 年颁布施行;《纪元历》由陈舜德编,在 1106—1127 年、1133—1135 年颁布施行;《统元历》由陈德一编,在 1136—1167 年颁布施行.从考试的规定时间(1174 年、1179 年、

1183 年、1188 年）可知所学、所考的都不是当时使用的历法，而是已过时的废历. 这是很发人深省的：为什么要常编新历、常颁新历？因为当时的历法比较粗糙，需要不断校正并重新编制，否则，时间一长，误差积累后一定会出问题. 史书上有记载的交食不验、星失其位等情况多为历法误差积累所致. 那么，太史局生学习过时的废历有什么意义呢？采用废的即不准确（误差过大）的历法来考试，所谓算前一季五星昏晓宿度，或日月交食，仍算定时刻早晚，及所食分数就不可能符合考试当时真实的天象. 因此，这种学废历、考废历的方法，只能要求考生按原历法求出假设的天象，并非数学的实际应用，答案也就没有现实的可检验性. 为什么不学现行历法并以之考试呢？恐怕还是出于垄断的需要 —— 不允许尚未成为官员的太史局生了解能预测军国大事的手段，舍此无法理解这一学废历、考废历的行为.

再考虑所试的三式和天文，其中射覆作为一种随机游戏，可不谈. 预占三日阴阳风雨（这是现代也未能很好解决的问题）和预定一月或一季分野灾祥等也不是考察现实的事件，即不是把所求结果与现实对照，而是与三式和天文的理论相对照 —— 这种理论标准是存在的，例如，各代正史中的《五行志》以及《论衡》和《白虎通义》做出了更多的灾祥“预测”的案例，规定出现什么现象就有什么结果（例如出现白兔就是大吉之兆），就成为测试的标准.

于是，人们按照废历推算出假设的天象，再按照标准来预测分野灾祥；或者按照教材的规定出现什么现象就会有阴晴风雨或灾祥. 所以它们都不是重视现实的实际应用的表现，而是重视数术的经典和标准的举措. 由于注重的是“理论”，因而又回归到所用的教材，于是一切从教材出发 —— 这便是著名的做学问的“经解模式”，这就是《崇宁算学令》中把历法称为“经”的原因. 也就是说，三式和天文的结论并不具有现实的可检验性，无法与现实相对照. 解答试题只能是引用教材所给出的三式和天文占卜的案例.

3.《崇宁算学令》在数学发展中的作用

《崇宁算学令》在数学专科学校中增加了数术课程. 此举对中国

古代数学教育和数学的发展起了相当重大的作用.在数学教学中引入数术课程,就是把数学应用到数术领域,这对于中国古人的数学实用思想来说,应该说是有一定的必然性,数学可以应用于任何领域,而数学的数术应用就带来了数学迅速发展到顶点并且迅速中断的后果.

首先,由于数术是能预测人事进而是与军国大事有关的工具,历来受到统治者的重视.一方面,历算要用到数学;另一方面,在数学专科学校中开设历算、三式、天文课,这就使得人们重视数术的同时,数学也受到重视.在《算学源流》一文中,还记载了宋代数学专科学校毕业的学生,可以直接授以官职的规定,这在一定程度上促进了人们学习数学的热情.同时,朝廷刻印数学教科书的活动也促进了数学的传播和积累.宋代在唐代开设数学专科学校并开设明算科举(数学考试合格者授官)300余年的基础上,继续设立数学专科学校,数百年来对数学和数学教育的重视结下丰硕的成果——中国古代数学在宋元之际达到中国亦是世界古代数学的高峰,这与唐宋数学教育的发展是有直接关系的.

其次,由于《崇宁算学令》把数术列为数学专科学校的课程,而数术的考核只能从理论到理论,这使数学专科学校将其迁移到数学学习中,从而在重实用的中国古代数学中注入了新的重视理论研究的思想.结合宋代兴起的重视文化研究的理学思潮,从而数学研究有可能向理论化转向,为宋元数学高峰的到来作了思想上的准备.当然,从教材到教材式的研究亦产生了另一个结果——使数学研究、学习中出现经解模式,即认为古代经典具有不可移易的权威性,学习它们首先就要对其顶礼膜拜,以记诵经典(经)及熟读阐释它们的副经典(传)为主要学习手段,研究经典成为中国古代唯一公认的学问,研究则是对经典加以阐释,至多是在阐释中陈述一点自己的意见,由此形成了经、传、注、疏为正途的治学传统.一般在思想上、学术上,不求别出心裁、构建具有自己特色的学说和体系.这种情况也从数术研究迁移到数学研究中,使数学研究也遵守经解模式,例如为古代经典,特别是为《九章算术》作注成为一大批数学著作的模式,严重地扼杀了数学学习和研究中的创造性，它们是元代后期中国古代数学发展中断的原因之一.

最后，《崇宁算学令》把数术课程引入数学专科学校，为元代用数术学校取代数学专科学校按下伏笔：元代、明代及清代初期，国立大学不设数学专科学校，而在地方设阴阳学即数术学校，直属太史局（或司天监，或钦天监）即天文管理机构. 与此同时，则出现了中国古代数学发展的中断——直到西方数学传入之前，一直没有达到宋元之际的数学水平.

七 中国古代数学思想发展受到的挫折——数学中断问题

宋元时期是中国古代数学发展的高峰时期，前一章列举了宋元数学的若干具有世界历史意义的重要数学成果，其中朱世杰的《四元玉鉴》(1303年)是代表中国古代数学最高水平的著作，计有多元高次方程组求解(四元术)、高次招差术、高阶等差数列求和等成果. 但是，从朱世杰之后，直到明代程大位的《算法统宗》(1592年)，300年间没有产生重要的数学著作，而且宋元时期的许多数学成果如朱世杰、秦九韶、李冶、贾宪等取得的成果都已失传，无人懂得了. 这一现象，被数学史界称为中国古代数学的中断. 数学中断可以说是数学思想发展受到的挫折，也可以说是数学思想在一定程度上的改变.

7.1 中国古代数学的中断

中国古代数学的中断发生在14世纪，一般认为发生在元代中期，而且中国古代数学可以说是“突然”出现中断的. 让我们就从中断的事实开始这一节的介绍.

14—16世纪300年来的数学著作中，值得一提的是吴敬的《九章算法比类大全》(1450年)，它的结构和内容见表7-1.

表7-1 《九章算法比类大全》的结构和内容

序号	章名	问题个数	内容
1	乘除开方起例	194	数学基础知识：数的单位制，度量衡制，乘除法及其简化，开方法，单位化法，差分、堆垛、建筑的计算方法

（续表）

序号	章名	问题个数	内容
2	方田	214	关于田地面积和分数计算（与《九章算术》同名章内容相同，包括所有的原问题、一些同类的问题、以诗词形式出现的类似问题．以下各章的结构和内容都如此）
3	粟米	212	同《九章算术》同名章，粮食等贸易问题
4	衰分	187	同《九章算术》同名章，比例分配问题
5	少广	106	同《九章算术》同名章，求边长、开方等
6	商功	135	同《九章算术》同名章，工程土方问题
7	均输	119	同《九章算术》同名章
8	盈不足	64	同《九章算术》同名章，用盈不足求解问题
9	方程	43	同《九章算术》同名章
10	勾股	101	同《九章算术》同名章
11	各色开方	94	各种开方问题，开 4、5、6 次方的问题

可见《九章算法比类大全》从宏观结构到微观结构以至于内容都向《九章算术》的实用性体系回归．特别值得注意的是《九章算法比类大全》中收入了杨辉的《乘除通变本末》和《田亩比类乘除捷法》(《杨辉算法》中的两种）的大部分内容，但形成体系的方式却不是前文所指出的《杨辉算法》注重逻辑展开的方式，而是《九章算术》的实用性体系的方式，这是它与宋元数学比较，向实用性体系全面回归的一个突出的表现．从此到西方近代数学传入中国(17 世纪）之前，中国数学都表现出这样的特点，如王文素的《算学宝鉴》(1524 年)、徐心鲁的《盘珠算法》(1537 年)、柯尚迁的《数学通轨》(1578 年）和前面说的《算法统宗》都是如此．

《算法统宗》也引用了“开方作法本源图”(图 7-1)，这是中国古代数学著作中第三次引用“开方作法本源图”．这三次引用此图表现了中国数学发展的三个层面．其一，贾宪原来的图，可用来解某种类型的高次方程，标示着中国古代数学高峰即将到来；其二，朱世杰《四元玉鉴》中的图，发现了原图中新的数的关系，与垛积问题、差分问题相对应，标示中国古代数学发展到高峰；其三，《算法统宗》的“开方作法本源图”标示着中国古代数学发展的中断．

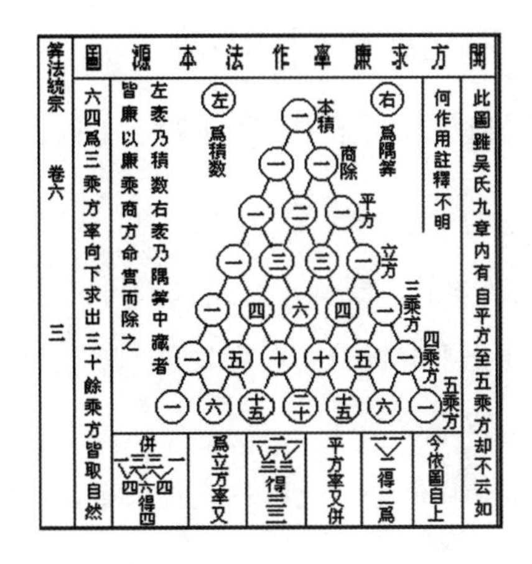

图 7-1　《算法统宗》的“开方作法本源图”

从内容上来看，与宋元数学达到的高度相比，这些著作的数学水平降低了许多，宋元数学的重要成果如天元术、四元术、正负开方术、大衍总数术等都已失传. 即宋元数学中达到新层次的高水平的数学知识在 14 世纪失传了，这就是我们所说的中国古代数学的中断.

当然吴敬的著作里仍然保留了宋元数学的一些课题，主要是开高次方和纵横图这两项，其中有开三乘方（4 次方）、四乘方（5 次方）、五乘方（6 次方）等. 甚至王文素还用贾宪的“开方作法本源图”求解开八乘方（9 次方）的问题：

$$x^9+25x^8+235x^7+1035x^6+2160x^5+1728x^4=27993600000$$

解得 $x=12$. 程大位虽列出了“开方作法本源图”，但“却不云如何作用”，可见贾宪的这一成果也失传了. 不过直到程大位甚至更后来，纵横图一直是数学的一个课题，并得到不断的研究.

14—16 世纪的数学也并非没有任何创新，珠算的普及就是与中国古代数学中断相伴的数学中的创新. 人们认为，珠算在元末明初就已相当普及. 而在数学著作中最先记载珠算的正是《九章算法比类大全》，它有着明显的由筹算向珠算过渡的意义. 其中，乘除用珠算而开方用筹算.《算学宝鉴》也是如此. 从《盘珠算法》一书起，明代数学进入了珠算完全取代筹算的时代，《数学通轨》和《算法统宗》已经是完全的珠算著作了. 珠算的普及和完全取代筹算，是明代数学的一大发展，对后来的中国数学产生了巨大的影响.

7.2 中国古代数学中断的文化分析

中国古代数学的中断是数学史上的大事.从明代末年西方数学传入之后，中国古代数学的中断就一直是人们研究的课题.本书从元明之际中国文化的变化来分析中国古代数学中断的问题.

1.从文化历史背景看

从中国古代数学中断的文化历史背景来看，可以认为有这样一些基本的原因.

(1) 出现大规模的社会动乱

这是与中国古代数学中断相伴随的最重要的事件之一.中国古代数学中断是在宋金元明的改朝换代的过程中产生的，而它们的改朝换代具有相当残酷的性质：蒙古贵族攻掠各地，而且常常屠城，变村庄为牧场；元代几十年间人民起义未曾停止；后来改朝换代的战争和动乱也比“通常”的更为激烈，火器的使用使物资和人员的损失更大，对社会生活的破坏更为严重.在这种情况下生活尚且不易，谈何科学或数学研究.

(2) 社会思想有很大的变化

数学中断的过程伴随着社会思想的巨大的变化甚至于巨大的转折.中国古代数学的中断与社会思想的理学化有直接的关系.理学的一些因素在一定程度上促进了科学特别是数学的发展，是形成宋元数学高潮的因素之一.不过在宋代理学并未成为社会的正统学问，还多次遭到查禁.到了元代特别是元代中期，理学才成为正统的学问，后来甚至成为唯一的学问.此时它的另一些因素开始发挥作用.例如，理学的观念中探讨任何非理学的学问或技能都是“玩物丧志”，只有通过理学才能达到“齐家治国平天下”的儒家理想.元代统治者则真的认为这个理想是可以通过理学的研究和践履实现的，同时开始排斥非理学的学问；明代统治者则更进一步，用严密的“文网”把社会理学化，把理学宗教化.当然理学并非宗教，但有时被人们认为是宗教，原因大概就在这里.社会的理学化消解了社会关心科学特别是关心数学的理由,而且随着理学的宗教化,“易数学”即数术流行,数学一步步神秘化,除了能够在人们的活动中直接检验的实用的内容外,数学科学的中断几乎是不可避免的.

(3) 封建专制的加强

理学的宗教化和进一步的神圣化是与明代封建专制的加强有极大关系的.明代起君权至上、皇帝的独裁发展到了新的层次.朱元璋废宰相,禁隐居,他在自己颁布的《大诰》中规定“寰中士大夫不为君用者,罪至籍抄”,取消了历来士子无条件享有的“隐居”权,像李冶那样隐居研究数学,像朱世杰那样云游四海、设帐授徒研究数学都成为不可能了.禁止私人学习、研究历法,这是以前从来没有过的.以前各朝各代都只禁止用天象预测人事的占星术,而不禁止甚至鼓励私人研究、编订历法,如《大明历》《皇极历》都是私人编订的,只不过颁行历法的权力在皇帝而已.禁私人编历、禁私人学习历法编算,实际上就是禁止私人研习高深的数学.而且国家的天文机构(明代称为“钦天监”)人员世袭,世代不得改行.明代一反以前朝代的不断改历编历的传统,到明末西学传入之前一直没有编订过历法,使用的就是元代郭守敬编的《授时历》,只是把历法中元大都(北京)的昼夜时刻改为金陵(南京)的时刻,改名为《大统历》而已.旧历法用的时间一长,误差积累到不能用了,例如出现“交食不验”“星失其位”等严重的问题,仍然不编新历——不是不想编,而是不会编了,这成为后来引进西方数学和天文学的契机.

与加强封建专制密切相关的是明代科举开始了“八股”取士的历程,规定科举考试必须从《四书》《五经》中命题,以八股制义为定式,“代圣人立言”,还规定必须以朱熹《四书集注》为标准答案,这是一种明显的思想禁锢方法.有学者指出:“八股之害,等于焚书.”后来人们根本就不研究学问了——参加科举其实连《四书》《五经》也无须钻研,因为能出题的句子并不多,因此只要收集历来的试题和答卷,背下来就有可能中式.市场上有刻印历年中式的试卷出卖的(叫作“科场程墨”,《儒林外史》中的马二先生就是专做此生意的),应试的人将其买来背诵,哪里还需要学问.

文化专制和思想禁锢的结果是:士人不敢治史,学者不敢言学,因而严重影响了学术的发展;社会成为告密者的天堂,明清文字狱的首告者往往成为功臣,备受嘉奖,这使得社会上特务横行,人人自危,而在这种人人自危和噤若寒蝉中,君主专制得到了空前的加强.根本就没有了宋代那种皇帝重视、群臣参与的学术研究的氛围,学问包括数学的研究根本就无从谈起.

(4) 数学教育有很大的滑坡

中国古代是非常重视教育的,其中对数学教育的关注程度和实施方式,可以说是数学发展状况的决定性因素.社会状况或思想变化改变了人们对数学教育的关注程度或实施方式,决定了当时的数学教育的兴衰,也就决定了社会对数学的继承和研究情况.数学发展显然是由社会对数学知识的继承和研究状况决定的.

中国历来重视数学教育,特别是隋唐宋三代都在中央大学(国子监)设立数学专科学校(算学),培养专门的数学人才.尤其重要的是通过数学专科学校的学习,数学考试合格就可以做官(唐代是通过“明算”科举考试,宋代则只要数学专科学校毕业).这在科学史、教育史、文化史上都是很独特的,除了培养出一定数量的数学家外,也促进了士人学习数学的积极性(官学的招生名额有限,私学也开设数学课程,例如,经学大师讲经时也讲相关的数学).有许多人学习数学,数学知识就能得到继承,发展自然是应有之义了.可以说正是在从隋到宋数百年间如此重视数学教育的基础上,中国古代数学才在宋元时期达到了高峰.元代统治者则不重视数学教育,在官学中不设数学专科学校,却在地方官学中开设“阴阳学”,这是一种教授占星术、算命术、易数学之类的“数术专科学校”,培养数术人才而非数学人才.明代仍继承元代的这种做法.既然不编订新历法,从当时的需要来看,朝廷确实也不必专门培养数学人才了.没有数学人才,社会的数学知识无法继承,也就不能发展了.几代人之后,连许多原有的数学知识也失传了,于是出现了中断.

数学教育这一原因是非常重要的,因为它是数学发展的内因. 而按我们的认识,事物发展变化的原因无非内因和外因两方面. 外因是变化的条件,内因是变化的依据,外因通过内因起作用. 在我们的生活中的确如此. 在中国古代数学中断的过程中,社会动乱的因素和社会思想变化的因素都是通过数学教育起作用的:社会动乱使得人们包括数学家和学生的社会生存都出现了问题,根本就无法认真探讨数学问题,无法认真进行数学教育,数学自然就无法发展了.

2. 从数学发展的角度看

我们前面已做过这方面的研究,例如,在谈《九章算术》的思想时,我们指出中国古代数学对算筹的依赖,这种依赖在宋元数学中达到了更为严重的程度. 正好在元明之际中国古代数学由筹算转变为珠算,这一转变与中国古代数学的中断是同时发生的. 在中国古代数学出现计算工具的转换时数学也出现了中断,这是偶然的巧合吗?有可能,但不用巧合来解释似乎更好一些. 那就是如前文所述,由于中国古代数学对算筹有较强的依赖,不仅依赖算筹作为计算工具,而且依赖运筹动作完成某些抽象的数学内容的理解,而这些是靠对算筹、运筹动作的直觉把握实现的. 这种直觉把握是难以用文字表述的,一般靠数学教育传递给下一代 —— 就是前面提到的中国古代数学对数学教育有着发展依赖. 在宋元数学达到非常抽象的情况下,对数学教育的依赖更加强烈,一旦数学教育滑坡,宋元数学对算筹、运筹动作直觉把握的抽象内容就无法继承下来,更为严重的是此时计算工具正好由算筹变成了算盘,很快人们就不需要对算筹的直觉把握了. 一两代人之后,用筹算记载的宋元数学的高层次著作就无人看懂了. 这不能不成为宋元数学中断的一个原因.

中国古代数学实用思想与此也是大有关系的. 实用思想在两个方面起作用:

其一,宋元一些发展到新层次的数学成果,在当时的社会现实中没有实际的应用. 如果说“大衍总数术”是编订历法用的数学理论知识,《授时历》取消了“上元积年”(这是历法编算的一个进步),“同余方程组解法”立即在社会中失去了“实用”地位,成为一种纯理论.其他如四元术、天元术、高次方程解法等在当时也都没有实用领域.它们都不是作为研究者的一种职责进行数学研究的结果,而是由研究者的兴趣产生的.在宋代的历史条件下,虽然“实用”也是科学思想乃至于思维方式的主流,但还是出现了一些不以实用为目标的研究可能和实现可能的条件,于是新层次的数学理论研究得以成为现实.在明代,由于前述种种原因,实用思想不仅仍为科学思想的主流,而且成为人们具体从事数学工作的指导原则,于是,非实用性的研究就成为不可能了.若干抽象内容是作为宋元数学的既定课题延续下来的,但随着时间的推移,延续的东西越来越少了,如《九章算法比类大全》和《算学宝鉴》中还有开高次(4～9次)方的问题;《算法统宗》中则没有了.总之,在实用思想指导下,人们的探索不会指向“无用”的东西.新层次的数学理论必然无人问津.

其二,宋元数学的主要成果尽管达到了非常抽象的层次,但基本上不是以理论形式表述出来的.它们仍以实用形式表述,如秦九韶、朱世杰等人的著作.这种实用形式使其著作没有形成理论体系,没有系统化,因此可理解性较差.这使人们既不能按一定的逻辑体系把握整个知识,又感到它们研究的也是实用性问题,而社会的实际的实用问题可用更简单的方法求解,何必采用如此麻烦的方法呢?于是数学研究指向了实际的实用问题求解.例如,顾应祥对《测圆海镜》的研究没有达到原书的高度,除了他个人的水平有限以外,《测圆海镜》自身的逻辑体系性不足,且以“实用性”问题表述,因而可理解性较差也是一个重要的原因.

其实,珠算的广泛使用就与“实用思想”有关.正是以实用为目的,为加速计算,更有利于应用,才发展出算盘这一工具.算盘的使用和推广,对数学的应用和发展、普及都有极大的促进作用.但是,在由算筹向算盘发展的过程(这一过程的具体情况至今仍不得而知)中,却出现了中国古代数学的“中断”.筹算和珠算的关系是一个有待深入研究的课题.

从数学的角度看,有一个事实是确切无疑而又富于启发性的,那就是社会生活、生产所需要的数学知识并没有中断.这就是说,数学出现中断的是与社会生活、生产距离比较远的即数学的"高深"部分,与社会生活、生产密切相联系的数学的实用部分并没有中断,也不可能发生中断.

中国古代数学的发展和中断充分说明了这一点.考察明代数学,从吴敬的《九章算法比类大全》回到《九章算术》的实用数学,明代数学与宋元数学比较,只是后来发展起来的数学的新的抽象层次的部分(即高深的部分)中断了,数学自身并没有中断.吴敬之后的中国古代数学还有许多发展,不过从数学理论层次来看,远没有达到宋元数学的高度,但对于社会生活、生产中的数学应用,还是足够了的.特别如程大位的《算法统宗》,更是以满足社会需要为目标,实际效果也很好,在中国甚至日本流行了几个世纪.

于是可以得到这样的结论:从数学的角度看,中国古代数学中断是数学中距离社会生活、生产较远的部分,即比较抽象的数学知识的失传.

从数学发展的角度看,距离社会生活、生产比较远的数学知识是人的抽象思维的产物,是数学的精华,代表着数学发展的方向.如果视线放远一点,古希腊数学在经历了公元前600年—600年这1000多年的发展后也在公元7世纪出现了中断,直到十二三世纪欧洲"大翻译"运动才从阿拉伯世界重新找回.从不同文化、不同背景下发展起来的不同的数学分别出现了非常相似的中断,这就不能不使人认为出现中断也可能是古代数学发展的某种规律性的表现.

明代末期,以《大统历》误差太大、不敷应用为契机,中国引进了西方数学以及科学,以1607年徐光启、利玛窦合译《几何原本》为标志,中国开始了一个"西学东渐"的过程.虽然后来因为清、明易帜,礼仪之争等因素,第一次"西学东渐"在断断续续持续百年后中止,但引进的西学 —— 欧洲16—17世纪产生了科学革命和技术革命,数学和自然科学发展到了近代阶段,伽利略和牛顿建立了现代科学体系并且奠定了现代科学的方法论原则,引进了实验方法、数学方法和假说演绎法,这是现代科学和古典科学最根本的分野,进一步完善了科学的社会建制——对中国知识界产生了极大的震撼.许多人开始研究西学西算,进行中西会通的工作.鸦片战争后,中国的国门被打开,西学长驱直入,引起中国数学的深刻变革.不仅如此,人们开始以现代数学观点研究中国古代的数学,并促进了传统数学的发展,取得了一些中西会通的成果.20世纪后,中国数学逐渐融入世界数学.1903年开始,有人出外留学学习数学.1918年起,中国学者开始在国际数学刊物上发表创造性的现代数学论文,中国人开始获得数学博士学位,中国数学进入了国际化的时代.此后的100年,特别是1949年之后,中国数学有了突飞猛进、一日千里的发展,为整个数学科学的发展做出越来越多的贡献.

7.3 对中国古代数学发展中断的一个案例分析——关于《杨辉算法》"四不等田"的一条注记

我们谈了14世纪中国古代数学的中断,并且以"开方作法本源图"的三次出现作为数学中断的案例.这里再举一个比较直观的案例,以更好地说明中国古代数学的中断,而且对前面说的中断时间做一点辩证的讨论.那就是《杨辉算法》的某个版本[①]中所插入的"四不等田"面积求法的一个注记.

1.四不等田问题

所谓四不等田,数学上指的是四条边两两不等的四边形,即一般四边形,在中国古代数学中是一个求面积的课题.

最先提出四不等田问题的是《五曹算经》"田曹"章的第十四问.原文为:

今有四不等田,东三十五步,西四十五步,南二十五步,北一十五步.问为田几何?

---

① 此处是指由郭书春主编的《中国科学技术典籍通汇·数学卷(一)》(郑州:河南教育出版社,1993)所收录的版本,本文后文中有解释.

答曰：三亩，奇八十步.

术曰：并东西得八十步，半之，得四十步.又并南北得四十步，半之，得二十步.二位相乘得八百步.以亩法除之，即得.

这一算法有误，适合于“术”的只能是矩形，而矩形求积显然不用这么麻烦.实际上，由所给的数据中无角度条件.如无一角度仅知四边，四边形的面积不唯一.

杨辉分析了《五曹算经》的四不等田问题，在他的著作《杨辉算法》中《田亩比类乘除捷法》(1275) 卷下，有：

《五曹》：四不等田，东三十五步，西四十五步，南二十五步，北一十五步，问为田几何.

答称三亩八十步.非.

实三亩四十步三尺九分六厘八毫七丝半.

田围四面不等者，必有斜步，然斜步岂可作正步相并.今以一寸代十步为图，以证四不等田，不可用“东西相并，南北相并；各折半；相乘”之法.(田见图 7-2)

如遇此等田势，须分两段取用.其一勾股田，其一半梯田.(见图 7-3)

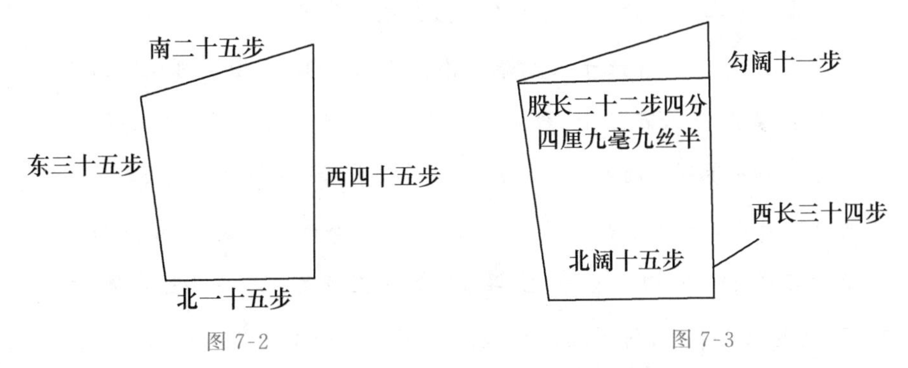

图 7-2　　　　图 7-3

草曰：勾阔十一步，股长二十二步四分四厘九毫九丝半，用勾、股相乘，折半，得积一百二十三步四分七厘四毫七丝二忽半.又置梯田南阔二十二步四分四厘九毫九丝半，并北阔十五步，以半长十七步乘之，得积六百三十六步六分四厘九毫一丝五忽.并二积共七百六十步一分二厘三毫八丝七忽半.以亩法除，得三亩四十步.零步以一步之积二十五乘之，得三尺九分六厘八毫七丝半.

这里杨辉指出《五曹算经》的错误：把四不等田当作矩形求积了(斜步作正步相并). 他则把四不等田视为有一个角是直角的特殊类型，在所给的图中，西、北交角是直角. 他似乎认识到，要求积必有一角度条件，最简单、也是当时最容易理解的是其中两边垂直. 他的方法是过东南顶点作西边的垂线交西边于一点，从而把四不等田分为一个直角三角形、一个直角梯形，此二形分别求积再求和，这一方法是对的. 但他认定他所作的分点分西边为 11 步和 34 步两段，就出现了较大的误差. 这一分点是怎么求出的？可能是通过用矩画图实测得出的. 在当时的情况下，画图实测大概也只能得出这样的精度. 反之，如果是算出来的，就不可能是整数了，如他作的这个辅助线三角形的股是计算出来的，取了 5 位小数.

2. 注记的方法以及由此而来的问题

值得注意的是，在前引《杨辉算法》的版本中，插有一段注记，原文如下：

《杨辉算法》曰：勾阔十一步，长三十四步，股长二十二步四分四厘九毫九丝半，田三亩四十步三尺九分六厘八毫七丝半. 非也.

实三亩四十三步一十尺四分五厘三毫一丝半.

求积法曰：列并北十五步幂及南二十五步幂，得数，内减东三十五步幂，余一千六百五十，自乘之，得二百七十二万二千五百，寄位. 列并北十五步幂及西四十五步幂，得数，以南二十五步幂乘之，得一百四十万六百二十五，四之，内减寄位，余以一十六归之，得一十八万一千四百零六步少，开平方除之，得四百二十五步九一八一二五九强，再寄. 列西以北乘之，折半之，加入再寄，得七百六十三步四一八一二五九，乃是积步也. 以亩法除之，为亩；不满，为步；又不盈步，以一步积乘之，合问.

右《杨辉》《五曹》共皆非也.

这一求积法没有采用杨辉关于一个直角三角形、一个直角梯形的分解法. 在求积法后，还有一个图形，给出了按杨辉分解法进行分解而得出本法亩数的新数据的图示(图 7-4). 计算表明，此图的数据比图 7-3 的数据更精确，也更合乎近似计算的要求. 令人感兴趣的是这一注记中的两个问题：(1) 求积法从何而来？(2) 图 7-4 中的有关数据是如何得出来的？

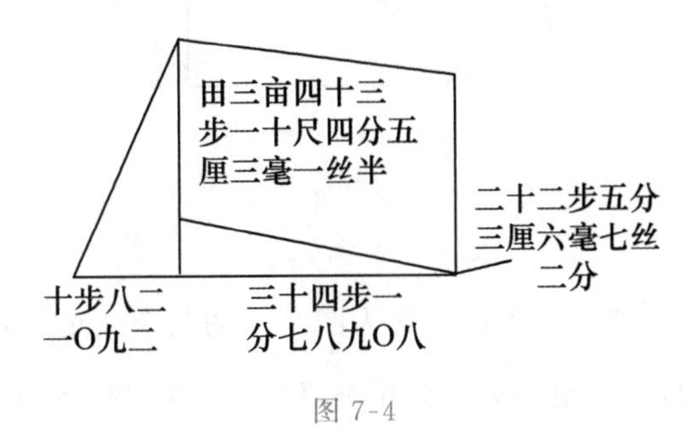

图 7-4

先看第(1) 个问题，若把北、西、南、东四边分别记为 a、b、c、d，则这一求积法所描述的运筹过程相当于按照这样一个公式

$$s=\sqrt{\frac{1}{16}\left[(a^2+b^2)c^2-(a^2+b^2+c^2-d^2)^2\right]}+\frac{1}{2}ab$$

进行计算，也就是把各边的数据代入公式.

此式出于秦九韶《数书九章》(1247) 的“计地容民”问，本书 6.2 节引用了这个题问. 为了阅读的方便，我们再引用一次.

问沙洲一段，形如棹刀，广一千九百二十步，纵三千六百步，大斜二千五百步，小斜一千八百二十步，以安集流民，每户给一十五亩，欲知地积，容民几何？

算法是：

术曰：以少广求之. 置广，乘长，半之，为寄. 以广幂并纵幂，为中幂. 以小斜幂并中幂，减大斜幂，余，半之，自乘于上，以小斜幂乘中幂，余半之，自乘于上，以小斜幂乘中幂，减上，余以四均之，为实. 为一为隅，开平方，得数，加寄，共为积.

所引内容原本有图，如图 7-5 所示.

前面所引的“求积法” 就是把(用算筹表示的) 数据代入上面这个“术” 进行计算而已. 进一步，前面所引求 s 的公式的前一项，就来自于著名的秦九韶的“三斜求积” 公式：已知三角形三边长求面积公式. 因

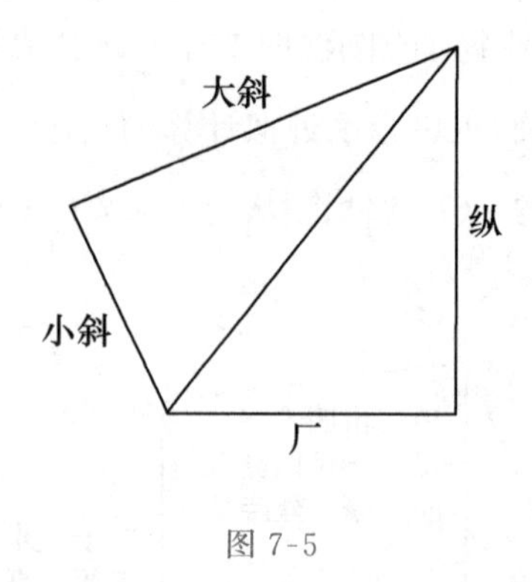

图 7-5

而求积法其实是把四不等田分解为图 7-5 的两个三角形来求面积.

再看第(2) 个问题.按现代方法,设四不等田杨辉分解法的直角三角形的勾长为 x, 则有

$$35^2-(45-x)^2=\left(\sqrt{25^2-x^2}-15\right)^2$$

整理得

$$x^2-33x+240=0$$

解此方程,合理的根为 $x=10.821\ 091\ 65$,合于图 7-4 中的 $x=10.821\ 091\ 65$. 由此,可求出图 7-4 中的其他数据.方程的求解,按秦九韶的"三斜求积"公式并无困难,问题是图 7-4 的数据是否如此得出来的?如果是,又是怎样建立方程的?

这自然又产生一个问题:这个注记是谁写的呢? 显然不是杨辉本人,他无须先给出一个"非"的答案,再来否定自己,他一定要写出他认为正确的答案.这里说《杨辉算法》的答案不对,所以这个注记应该是杨辉之后的人加写上去的.

我们所引的本子采用的《杨辉算法》系明洪武(1378 年) 古杭勤德书堂刊印本的宣德八年(1433) 庆州翻刻本的一个抄本,是李俨传抄的日本关孝和的一个抄本.那么这个注记就有可能是:① 关孝和加入的; ②1433 年庆州版加入的;③1378 年洪武版加入的.首先排除 ①,依据有两个.依据一,据李俨说,这一抄本与朝鲜复刻洪武本(1482) 校过. 如有关孝和增加的内容,一定会指出来.依据二,明王文素著《新集通证古今算学宝鉴》(1524 年) 收入《杨辉算法》大部分题问,收

入四不等田问，并且运用了图 7-4 的数据，其卷七引入《五曹算经》四不等田题问后，全文引了《杨辉算法》中《田亩比类乘除捷法》中的前引文字，然后指出：

证曰：杨氏用分两段算四不等田诚为有益，但所裁股步稍差，愚以所裁西长自乘以减东斜长自乘，余六十九步，以开平法除之，得八步三分六毫六丝二忽余零不裁，并入北阔十五步为股，共得二十三步三分六毫六丝二忽有奇，与所裁股数不合矣. 盖所裁勾数稍多故也. 复细算之，南裁勾股田一段，勾只该十步八分二厘，其股实该二十二步五分三厘二毫，计积一百二十步八分九厘八毫一丝二忽. 北裁半梯田一段，该西长三十四步一分八厘，南阔二十二步五分三厘二毫，北阔一十五步，计积六百四十一步四分二厘一毫八丝八忽. 并二积共七百六十三步三分二厘，以亩法除之，为田三亩四十三步零八尺近是.

这几个数据与图 7-4 同，仅位数取舍有差别，从《算学宝鉴》大量抄录《杨辉算法》来看，亦不是王文素自己算出的(如果是他自己算的，他就掌握了天元术、二次方程解法等)，应是从现成的《杨辉算法》上看到的. 从他的抄录来看，王文素见到洪武本或宣德本的《杨辉算法》是不成问题的. 这就是说②或③极有可能成立，即这一注记很可能是公元 1378 年或 1432 年加上去的.

3. 假设如果成立的推论

如果这一结论成立，那么立即可以得出这样两个推论：

其一，宋元数学在元末还没有中断. 一般地，数学史界把宋元数学的中断定在《四元玉鉴》(1303) 之后. 由这一注记来看，注记作者熟练地运用了《数书九章》的方法(“三斜求积”方法等)，更进一步，可以说注记作者了解该方法并会用该方法解二次方程和列二次方程[天元术，李冶《测圆海镜》(1248) 的方法]，注记作者的确是掌握了宋元数学精华的人. 这样，宋元数学的中断似可推迟至 1378 年甚至 1432 年之后.

其二，由这一注记本身充分说明，中国古代数学家们是非常注重学术交流的. 杨辉的著作中先后引入、评价了大约十余种别人的数学著作，其中一些成果（如贾宪、刘益等人的成果）由此得以流传. 在前引注记中，刊刻本编者又以秦九韶的数学成果来为杨辉的著作作注，这一注记可以说沟通了宋元的几位数学大家.

顺便说一下同时代或稍后的数学著作中，“四不等田”题问的处理方法. 元代贾亨的《算法全能》中，采用的是《五曹算经》的方法；明代程大位的《算法统宗》(1592) 中“四不等田”是作为两个直角三角形和一个矩形的拼合图出现的，原文为：

假如四不等田一块截作三段求之，一段直田长四十步，阔二十八步，南边勾股一段股长三十二步，勾阔十步，东边勾股一段股长三十二步，勾阔四步，问共和若干.

与前引“注记”的解法，相差不可以道里计了. 可见到了明代，宋元数学的精彩的部分真的中断了.

参考文献

[1] 艾素珍,宋正海.中国科学技术史(年表卷)[M].北京:科学出版社,2006.

[2] 孙宏安.中国古代科学教育史略[M].沈阳:辽宁教育出版社,1996.

[3] 孙宏安.中国近现代科学教育史[M].沈阳:辽宁教育出版社,2006.

[4] 孙宏安译注.杨辉算法[M].沈阳:辽宁教育出版社,1997.

[5] 江晓原,谢筠.周髀算经译注[M].沈阳:辽宁教育出版社,1996.

[6] 吴文俊.《九章算术》与刘徽[M].北京:北京师范大学出版社,1982.

[7] 吴文俊.中国数学史大系[M].北京:北京师范大学出版社,1998.

[8] 吴文俊.中国数学史论文集(1～4)[M].济南:山东教育出版社,1985,1986,1987,1996.

[9] 吴文俊.秦九韶与数书九章[M].北京:北京师范大学出版社,1987.

[10] 刘钝.李俨、钱宝琮科学史全集[M].沈阳:辽宁教育出版社,1998.

[11] 李继闵,等.算法的源流[M].北京:科学出版社,2007.

[12] 郭书春.汇校《九章算术》[M].沈阳:辽宁教育出版

社,1990.

[13] 钱宝琮,等.宋元数学史论文集[M].北京:科学出版社,1985.

[14] 梁宗巨.世界数学史简编[M].沈阳:辽宁人民出版社,1980.

[15] 梁宗巨,等.世界数学通史[M].沈阳:辽宁教育出版社,2001.

[16] A.汤因比.历史研究[M].刘北成,郭小凌,译.上海:上海人民出版社,2000.

[17] KATZ V J.数学史通论[M].2版.李文林,等译.北京:高等教育出版社,2004.

[18] 李迪.中国数学史简编[M].沈阳:辽宁人民出版社,1985.

[19] 国家计量总局.中国古代度量衡图集[M].北京:文物出版社,1981.

[20] 任继愈.中国科学技术典籍通汇:数学卷[M].郑州:河南教育出版社,1993.

[21] 江晓原.天学真原[M].沈阳辽宁教育出版社,1991.

[22] 陈永正.中国方术大辞典[M].广州:中山大学出版社,1991.

[23] 冯君实.中国历史大事年表[M].沈阳:辽宁人民出版社,1982.

[24] 肖萐父,李锦全.中国哲学史:上卷[M].北京:人民出版社,1982.

[25] 李泽厚.中国古代思想史论[M].北京:人民出版社,1985.

[26] 周继旨.中国封建社会经济结构的基本特征[J].中国社会科学,1983(5):151-163.

[27] 侯外庐.中国封建社会史论[M].北京:人民出版社,1979.

[28] 蒙培元.论中国传统思维方式的基本特征[J].哲学研究,1988(7):53-63.

[29] 李俨.中国算学史[M].北京:商务印书馆,1998.

[30] 恩格斯.自然辩证法[M].北京:人民出版社,1971.

[31] 欧几里得.几何原本[M].兰纪正,朱恩宽,译.西安:陕西科学技术出版社,1990.

附录　中国古代数学大事记

年代	数学事迹①	人物
前1400—前1100	殷墟甲骨文，已有十进制记数法(乘法累数制记数法) 周公(公元前11世纪)、商高已知勾股定理的一个特例：勾三、股四、弦五(《周髀算经》)	
前600年？	已知勾股定理的一般形式(《周髀算经》)	陈子
前540年？	普遍使用算筹，筹算记数，采用十进位制记数法(《老子》)	
前430年？	《墨经》给出若干几何概念和命题	墨子
前300年？	提出分割木捶问题，蕴含极限思想(《庄子·天下篇》)	庄子
前290年	《周髀算经》开始进入"写作程序"	
前200年？	删补校订《九章算术》(刘徽《九章算术注》) 开始研究幻方(出土文物"式盘")	张苍
前202—前186	中国现存最早的数学书《算术书》成书(1983—1984年，在湖北江陵出土)	
前100年？	《周髀算经》成书，记叙了勾股定理 《九章算术》经历代增补修订基本定形(一说成书年代为50—100年)，其中比例计算、线性插值法、**平方根和立方根的算法**、盈不足术、**线性方程组解法**、正负数运算法则等都是世界数学史上的重要贡献. 幻方最早记载于《大戴礼记》	
1年？	提出小学数学教育的思想(《汉书·律历志》)	刘歆
3世纪	注《周髀算经》，最早进行勾股定理的图形割补证明. 利用"勾股圆方图注"对二次方程进行研究	赵爽
263年	注《九章算术》，用割圆术计算圆周率，圆面积公式，提出解决球体积的方法，推导四面体及四棱锥体积等，包含有极限思想. 提出"出入相补原理". 著《海岛算经》，**数学测量技术**	刘徽
400年？	《孙子算经》成书，记述了筹算记数制，"物不知数"题是中国剩余定理的起源	

① 本书参考文献[17]中有一张"数学史大事年表"，列出了从公元前3000年到公元2000年全世界最重大的数学"历史性"成就74项，其中公元前1000年到公元1400年时段包括中国的6项成就：筹算数字，毕达哥拉斯定理；平方根和立方根，线性方程组；刘徽和数学测量技术最早的正切表；帕斯卡三角用于解方程；中国剩余定理，多项式方程的解. 在本表中，用绿色的黑体字表示出这几项成就(名称与前面列出的略有差别).

（续表）

年代	数学事迹	人物
462 年	算出圆周率在 3.1415926 与 3.1415927 之间，并以 355/113 为密率（现称祖率）.（《隋书・律历志》）提出“幂势既同，则积不容异”的原理，现称“祖暅原理”，可用西方 17 世纪的卡瓦列里原理来解释.（《九章算术・李淳风注》）	祖冲之、祖暅
6 世纪	《算经十书》中的《五曹算经》《夏侯阳算经》《五经算术》《张邱建算经》成书；《张邱建算经》提出“百鸡问题”	
604 年	编《皇极历》，首创等间距二次内插公式	刘焯
625 年	著《缉古算经》，最早的三次方程数值解法	王孝通
656 年	注释十部算书，后通称《算经十书》（《旧唐书・李淳风传》）	李淳风等
7 世纪	隋朝开始设立“算学”，是世界上最早的数学专科教育机构（《隋书・百官志》）. 唐代继续设立“算学”，宋代和清代也设立“算学”；唐朝科举制度中设明算科举（《新唐书・选举志》）	
724 年	编《大衍历》，实测出地球子午线 1° 的长；使用了不等间距二次内插法；给出日影长，相当于一个 1° ～ 79° 之间每隔 1° 的正切函数表	一行
1050 年？	提出二项式展开系数表（现称贾宪三角）和增乘开方法（杨辉《详解九章算法》）	贾宪
1088 年	《梦溪笔谈》成书，提出隙积术、会圆术	沈括
1180 年	在文献中使用中国自己的独特零号“〇”（金代《大明历》）	
1247 年	著《数书九章》，创立解一次同余方程组的大衍总数术和求高次方程数值解的正负开方术，后者可用西方的霍纳法（1819 年）解释	秦九韶
1248 年	著《测圆海镜》，是中国现存第一本系统论述天元术的著作	李冶
1261 年	《详解九章算法》成书，记载了贾宪的“开方作法本源图”（即贾宪三角），对纵横图（幻方）也有深入研究（1275 年），记载了解高次方程的方法	杨辉
1274 年	《乘除通变本末》成书，给出“九归”算法，总结了各种筹算口诀（算法的一种简捷的形式），为后来珠算的发展创造了条件	杨辉
1280 年	编《授时历》，首创三次内插法和弧矢割圆术（球面三角问题）	郭守敬、王恂
1303 年	著《四元玉鉴》，将天元术推广为四元术，研究高阶等差数列求和问题. 最早开创四元高次方程组解法和高次内插法	朱世杰
1592 年	《算法统宗》成书，详述算盘的用法，载有大量运算口诀，是中国古代流传最广的数学书，明末传入日本、朝鲜	程大位
1607 年	合译《几何原本》前 6 卷（一种 15 卷本），为“西学东渐”的标志，打开了中西数学交流的大门.《几何原本》后 9 卷 1895 年由李善兰、伟烈亚力（英国）翻译出版	徐光启、利玛窦（意大利）

人名中外文对照表

阿基米德/Archimedes

贝祖/Bezout

毕达哥拉斯/Pythagoras

高斯/Gauss

海伦/Heron

霍纳/Horner

卡瓦列里/Cavalieri

凯拉吉/al-Karaji

马蒙/al-Mamum

欧几里得/Euclid

图灵/Turing

芝诺/Zeno

数学高端科普出版书目

数学家思想文库	
书　名	作　者
创造自主的数学研究	华罗庚著;李文林编订
做好的数学	陈省身著;张奠宙,王善平编
埃尔朗根纲领——关于现代几何学研究的比较考察	[德]F.克莱因著;何绍庚,郭书春译
我是怎么成为数学家的	[俄]柯尔莫戈洛夫著;姚芳,刘岩瑜,吴帆编译
诗魂数学家的沉思——赫尔曼·外尔论数学文化	[德]赫尔曼·外尔著;袁向东等编译
数学问题——希尔伯特在1900年国际数学家大会上的演讲	[德]D.希尔伯特著;李文林,袁向东编译
数学在科学和社会中的作用	[美]冯·诺伊曼著;程钊,王丽霞,杨静编译
一个数学家的辩白	[英]G.H.哈代著;李文林,戴宗铎,高嵘编译
数学的统一性——阿蒂亚的数学观	[英]M.F.阿蒂亚著;袁向东等编译
数学的建筑	[法]布尔巴基著;胡作玄编译

数学科学文化理念传播丛书·第一辑	
书　名	作　者
数学的本性	[美]莫里兹编著;朱剑英编译
无穷的玩艺——数学的探索与旅行	[匈]罗兹·佩特著;朱梧槚,袁相碗,郑毓信译
康托尔的无穷的数学和哲学	[美]周·道本著;郑毓信,刘晓力编译
数学领域中的发明心理学	[法]阿达玛著;陈植荫,肖奚安译
混沌与均衡纵横谈	梁美灵,王则柯著
数学方法溯源	欧阳绛著
数学中的美学方法	徐本顺,殷启正著
中国古代数学思想	孙宏安著
数学证明是怎样的一项数学活动?	萧文强著
数学中的矛盾转换法	徐利治,郑毓信著
数学与智力游戏	倪进,朱明书著
化归与归纳·类比·联想	史久一,朱梧槚著

数学科学文化理念传播丛书·第二辑	
书　名	作　者
数学与教育	丁石孙,张祖贵著
数学与文化	齐民友著
数学与思维	徐利治,王前著
数学与经济	史树中著
数学与创造	张楚廷著
数学与哲学	张景中著
数学与社会	胡作玄著

走向数学丛书	
书　名	作　者
有限域及其应用	冯克勤,廖群英著
凸性	史树中著
同伦方法纵横谈	王则柯著
绳圈的数学	姜伯驹著
拉姆塞理论——入门和故事	李乔,李雨生著
复数、复函数及其应用	张顺燕著
数学模型选谈	华罗庚,王元著
极小曲面	陈维桓著
波利亚计数定理	萧文强著
椭圆曲线	颜松远著